国家中等职业教育改革发展示范校特色项目研究成果

森林文化

黄云鹏　等编著

中国林业出版社

图书在版编目（CIP）数据

森林文化 / 黄云鹏等编著. —北京：中国林业出版社，2014.7

国家中等职业教育改革发展示范校特色项目研究成果

ISBN 978-7-5038-7471-0

Ⅰ.①森… Ⅱ.①黄… Ⅲ.①森林－文化－中等专业学校－教材
Ⅳ.①S7-05

中国版本图书馆 CIP 数据核字（2014）第 088941 号

中国林业出版社·教材出版中心

责任编辑：许　玮　牛玉莲

电　　话：83282720　　　传　　真：83220109

出版发行：中国林业出版社（100009　北京西城区德内大街刘海胡同7号）
E-mail：jiaocaipublic@163.com　　电话：（010）83224477
http://lycb.forestry.gov.cn

制　　版：北京美光设计制版有限公司

印　　刷：北京中科印刷有限公司

版　　次：2014年6月第1版

印　　次：2014年6月第1次印刷

开　　本：787mm × 1092mm　1/16

印　　张：15.5

字　　数：322千字

定　　价：45.00元

编写人员

主　　编：黄云鹏

副 主 编：陈基传　魏秀英

编写人员：（按姓氏笔画排序）

王丽霞　陈基传　何荣财　罗玉萍

翁丽蓉　黄云鹏　魏秀英

前言 PREFACE

森林作为地球陆地生态系统的主体，是地球陆地上覆盖面积最广、结构最复杂、生物多样性最丰富、功能最强大的自然生态系统。《中共中央关于深化文化体制改革，推动社会主义文化大发展大繁荣若干重大问题的决定》提出了"建设社会主义文化强国"的战略目标，并指出："在坚持以经济建设为中心的同时，进一步推动文化建设与经济建设、政治建设、社会建设以及生态文明建设协调发展，全面推进党的建设。"党的十七大也作出了深入贯彻落实科学发展观、建设生态文明的重大战略决策，明确提出到2020年要使我国成为生态环境良好的国家。《福建省"十二五"林业发展专项规划》提出："积极构建繁荣的森林文化体系，弘扬人与自然和谐相处的生态价值观，让生态融入生活、用文化凝聚力量，形成尊重自然、保护自然、合理利用自然的生产生活方式。林业，作为生态文明建设的主体，已经由过去以木材供给为主的单一林产品需求转向以生态需求为主的多种需求。能够提供生态产品，改善人居环境，促进人与自然和谐；林业工作者要主动担当起普及生态知识、增强生态意识、树立生态道德、弘扬生态文明、倡导人与自然和谐的社会责任。发展森林文化，是建设现代林业的重要组成部分。

建设繁荣的森林文化体系，可以向全社会大力倡导生态价值观、生态道德观、生态消费观、生态政绩观，宣传普及生态文化知识，进一步增强人们的生态意识，在全社会形成关注森林、保护森林、热爱林业的良好风尚，为林业生态体系和林业产业体系建设提供强大的精神动力。大力发展森林文化，是建设现代林业面临的重要任务、要求和目标，目的就是要充分挖掘林业的文化功能。大力发展森林文化，能够完善现代林业建设的指导思想，丰富现代林业建设的基本内涵，优化现代林业建设的整体布局，实现林业生态、经济和社会效益的统一，有利于发挥森林的多重功能，满足社会的多种需求。

本书从园林文化、茶文化、花卉文化、竹文化、森林校园文化等几个方面介绍了丰富多彩的森林文化，是编著者在从事生态文明教育和森林校园文化建设中的总结和体会，旨在为林业类职业院校，特别是农林类中职学校学生及广大读者提供一本图文并茂、通俗易懂的森林文化教育教材，也为弘扬生态文明、生态强国建设做出微薄贡献。

本书作为一本为数不多的介绍森林文化的参考书，编写过程中得到苏祖荣教授、原福建林业职业技术学院副院长苏孝同研究员、福建省林业厅绿化办公室主任庄晨辉、永安市林竹产业发展局局长黎录松的大力支持，同时也凝聚了福建三明林业学校宋晓英、兰天龙、王邦富等相关教师的智慧和心血。由于编者水平有限，书中不妥或疏漏之处还望广大读者批评指正。

黄云鹏

2014 年 4 月

目录 CONTENTS

绪论 1

第一章 森林美的欣赏 17

第一节 森林美的构成 19

第二节 森林的美感 28

第三节 欣赏森林美的三重境界 32

第二章 园林文化 39

第一节 园林文化的构成 40

第二节 中国园林文化的特点 47

第三节 园林文化与产业 55

第三章 茶文化 63

第一节 概述 64

第二节 茶艺美学 69

第三节 茶艺礼仪 75

第四章 花卉文化 87

第一节 中国花卉文化的内涵与特点 88

第二节 花卉文化中的物质形态和精神形态 92

第三节 中国十大花卉鉴赏 100

第五章　竹文化　117

第一节　中国竹文化发展概述　118

第二节　竹文化的精神意蕴　121

第三节　竹文化景观欣赏与开发利用　126

第六章　森林旅游文化　139

第一节　森林旅游文化概述　140

第二节　森林旅游文化的内涵及其特点　146

第三节　森林旅游的产业文化　150

第七章　森林文化教育　161

第一节　森林文化教育的意义　162

第二节　森林文化教育的内容　166

第三节　森林文化教育的途径与方法　169

第八章　森林校园文化　181

第一节　建设森林校园文化的提出　182

第二节　构建森林校园文化的实践　184

第九章　福建树种文化 193
第一节　樟树 194
第二节　杉木 197
第三节　松树 199
第四节　格氏栲 202
第五节　红豆杉 205
第六节　榕树 207
第七节　银杏 210
第八节　柳树 215
第九节　柏树 218
第十节　桃树 221
附：林业谚语 224

参考文献 238

绪论

森林文化是一个古老而充满活力的课题。它伴随着人类社会的发展走过了漫长的历程，形成了具有自己独特风格和丰富内涵的体系，影响并推动着经济发展与社会文明进步。中国森林文化的形成是长期生产实践和社会进步的结果，在长期的传统文化的发展过程中,形成了具有中国特色的、丰富多彩的森林文化。可以说，森林文化是中华文化的重要组成部分。

一、森林文化的起源

在人类的黎明时期，森林便与人类结下不解之缘。人类在认识和利用森林的过程中，深深地在森林上烙上文化印记。然而，在很长的历史时期，人类始终把森林作为主要劳动对象，而不是审美对象，以致森林文化与人类渐行渐远。从1998年的大洪水开始，林业工作的主导思想终于由以木材生产为主向以生态建设为主转变，确立了森林在陆地生态系统中的主体地位，伐木者变成植树人，这是人类对森林认识的一次飞跃和理性回归。2007年国家林业局又提出建构森林文化体系，并把现代林业的架构描述成由完备的林业生态体系、发达的林业产业体系和繁荣的生态文化体系组成。森林文化体系构建进入国家决策层面，成为现代林业的重要组成部分，这是人类对森林认识的又一次飞跃和理性回归。这样，森林文化不经意间结束了一个传统林业，开启了现代林业的新时代——一个以生态为主导，以产业为平台的包括经济、生态、旅游、休闲、保健、宗教、科学、历史、文化等多种价值的可持续的现代林业新时代。

人类在和森林的反复相互接触中，产生了一种新的文化形式——森林文化。林学创始人柯塔（H. Cotta ）早在19世纪出版的《森林经理学》一书中就指出："森林经营的一半是技术，一半是艺术"。而技术与艺术的结合就是文化的重要组成，或许就是森林文化思想的萌芽。上溯至更早的各个历史时期，人们一方面不断地认识森林，一方面不断地从森林中获取生活、生存及精神需求和庇护的营养，产生了不断进步的营林技术和各具特色的艺术品。在人类更早时期，在新旧石器时期之前，或者在新旧石器时期，许多学者认为人类应存在一个以木器为生产工具的文明年代。因为当时人类生活在森林及森林环抱的环境之中，木材理所当然地成为生产工具的首选材料。直至现代，木制生产工具仍然占有相当大的比重。在人类早期艺术品中，如原始岩画中森林狩猎就是一个主要题材，人类的这种木器文化、木石文化就是最早的森林文化。所以说森林文化不但是人类文化与文明的组成部分，也是人类文化的起源之一。国际上最早进行森林文化研究的是德国。柯塔认为是森林培育了德国的文化、科学和国民精神，从森林中走出一代又一代杰出的哲学家、思想家、音乐家、艺术家和诗人。在他的影响下，德国在19 世纪初就开展了森林文化的教育与研究，并在此基础上提出了近自然林业的思想，20 世纪，森林文化的教育与研究在欧洲各国普遍开展。简而言之，森林文化就是人类关于森林的文化，在地球上，没有哪个系统能比森林更为活跃和强大。在陆地之上，没有哪种景观能比森林更为壮阔和雄伟；在人居之地，没有哪个家园能离开森林绿荫的庇护和滋养。因为哪里有森林树木，哪里就是美和天堂。在文明史上，也没有哪种文化能比森林文化更为原始和古老。一堆堆林火，一柄柄木耒，一册册竹简，曾给蒙昧中的人类以前进动力和曙光。毫无疑问，森林文化是开篇，是中华文化的源头活水，与整个人类文明史相依相伴，波澜壮阔。

其一，在人类背离森林，结束穴居的过程中，人类已同森林结缘。在农耕文化之前，人类首先经历一个木器时代，一个漫长而艰辛的原始文明阶段或采集与渔猎阶段，同这个阶段相适应的应是森林文化，其标志是使用木器，利用林火和构筑木巢。董智勇认为："在农耕文化之前的整个人类演化阶段，弥漫的是森林文化。人类社会的生产和生活资料的主体是森林背景和林产品，这一点是十分清楚和无可争辩的。石器时代及石文化是存在的，这是历史事实，但准确地说是木器和石器并存，因为木器的杠杆作用，作为手的延长，是石器所无法替代的。"认定森林文化是中华文化的源头，很好地解决农耕文化之前的文化形态以及农耕文化的衔接问题，也是森林文化立论的基础。

其二，人类社会进入农耕社会，以农业种植业为主，林、牧为辅，农耕文化成为农耕社会的主流文化。但森林文化并没有因此而消失或止步不前。相反，森林文化以顽强的生命力，在农耕社会中一枝独秀，成为农耕文化的重要组成部分，以树种文化为主要标志，出现竹文化、茶文化、松柏文化、桃花文化、梅花文化等多种文化形态。值得指出的是，如果说从西周时期出现的竹简文化是森林文化形成的标志，那么，自东汉蔡伦发明的造纸术以及由此产生的纸媒质文化，几乎贯穿整个农耕社会，对中华文化的作用和影响是难以估量的。农耕社会还产生以寺庙道观为主要标志的山岳文化，以山寨山乡为主要表征的山区（林区）文化，以及由竹简文化衍生的木刻、木雕、竹雕、竹根雕，由纸媒质文化带动的中国书法、绘画、剪纸等形式，为中国艺术增添新的样式。

其三，人类进入工业社会，在强势的工业文化面前，森林文化面临挑战，但依然传承和延续下来。例如茶文化、竹文化原汁原味延续至今，成为当下社会生活的一部分。松文化、柏文化内涵深刻，其独立和崇高形象在中华民族的集体记忆中，依然鲜活，难以抹去。梅花文化、桃花文化等继续演示着传奇，又呼应时代的需求，综合为花卉文化，使花卉文化进入千家万户。古典园林、城市公园、森林公园等构成的园林文化，互相包容和并存，已是城

永安九龙竹海（来源：永安市林业局）

竹林深处（来源：永安市林业局）

市居民户外娱乐、休闲的主要去处。随着森林旅游文化兴起，在森林旅游业的带动下，绿色食品、木竹工艺、富有山区特色的民俗风情进入人们的视野。由于人们生态意识的觉醒，还涌现出森林生态文化和自然保护区文化，以致被人冷落的天然林、荒野、神山、圣湖等无人区或秘境，被赋予文化、历史、科学等价值，成为人们的审美对象，这一切，构成了工业社会背景下别样和绚烂的森林文化。

高雅的竹制家具（来源：永安市林业局）

显然，森林文化的存在是客观事实，在不同的文化阶段均有不俗的表现。一方面，森林是一种资源、可供人类利用；是一种生态、一种环境，为人类提供遮蔽；另一方面，森林又是一种历史、文化、艺术、伦理和哲学，有其内在固有的价值。林中的每一片绿叶，都充满爱意；树干的每一支分叉，都呈现智慧；地下的每一条根系，都流淌清泉。森林文化首先在森林本身，在洋溢着生命活力的森林生态系统本身，然后在人类认识和利用森林的过程中，相互交融，使森林的诸多价值被彰显和照亮，这就产生了森林文化。

森林文化极为普通，又极为高雅。森林文化或积淀于木质器具、木竹工艺、木构建筑等载体上，或融入民间习俗、风土人情和宗教礼仪中，构成活生生的社会生活方式，或体现在音乐、诗词、书法和绘画中，或散落在历代随笔、游记、方志等典籍内。森林文化林林总总、枝繁叶茂，是中华文化体系中的一份极珍贵的文化遗产，应当加以发扬光大。

二、森林文化的内涵

森林文化是人和森林形成的一种互动关系，也是人类经营森林的过程中体现出的一种社会现象。郑小贤在《森林文化、森林美学与森林经营管理》中认为：“以森林为背景，以人类和森林和谐为指导思想和研究对象的文化体系”，

“是指人对森林的敬畏、崇拜与认识，是建立在对森林各种恩惠表示感谢的朴素感情基础上的反映人与森林关系的文化现象”。但新球在《森林文化的社会、经济和系统特征》中认为：“森林文化是指人类在社会实践中，对森林及其环境的需求和认识及其关系的总和”。

森林文化作为一种概念是在近几年被提出来的，目的在于期望人们能够自觉地恢复过去那种人与自然的和谐关系。与此同时，森林文化组织也相应诞生。旨在以科学发展观为指导，促进人与森林的和谐相处。国际上一些森林资源丰富的国家，国民文化在一定程度上就是森林文化的表现。日本的森林文化协会对于日本文化的研究体现在森林文化上，日本人具有森林民族性，日本文化无疑属于一种森林文化。芬兰民族史诗（*Kalewal*）展现了芬兰人独有的狩猎与农耕相融合的森林文化遗产。纵观人类文明的历史，不同时期人们对森林的认识和态度，反映了不同的文化特征。森林与人类本身的生存和发展，森林与诗歌、曲艺、绘画、音乐等文化现象紧密相联。现代以森林为主题的“自然与文化遗产地”、“国家公园”、“森林公园”、“自然保护区”等人类生态文化现象的出现，反映了人类对森林的认识有了一个新的飞跃，同时反映了与之相联系的文化特征——城市的发展，工业的发展导致绿地与森林的减少；环境与科学技术发展对人类心理产生的文化效应——导致人们对森林与绿地的向往和渴望，人们开始认识到森林是人类生存必不可少的元素。森林的文化价值是森林价值的重要组成。关于森林文化的概念，郑小贤教授（1999年）认为是“以森林为背景，以人类与森林和谐共存为指导思想和研究对象的文化体系”，并指出森林文化是“传统文化的有机组成部分”。

（一）森林文化的定义

森林文化是指人对森林的敬畏、崇拜与认识，是建立在对森林认识及其各种恩惠表示感谢的朴素感情基础上，反映人与森林关系的文化现象，包括技术领域的森林文化与艺术领域的森林文化两大部分。技术领域的森林文化是指合理利用森林而形成的文化现象，如造林技术、培育技术、采伐技术、相关法律法规、森林计划制度、森林利用习惯等，还包括各地在传统风土习俗中形成的森林观和回归自然等适应自然思想。艺术领域的森林文化是指反映人对森林的情感、感性的具体作品，如诗歌、绘画、雕刻、建筑、音乐、文学等艺术作品的总称，其中包括森林美学的内容。我国历代有关森林的诗歌、小说，画家笔下的山水、草木、飞禽走兽，宫廷与民居建筑，园林艺术，家具及工艺雕刻等都属于艺术领域的森林文化。

森林文化是人类文明的有机组成部分，是在长期社会实践中形成的人与森林及其生态系统相互依存、相互作用、协同发展的关系，以及由此创造的一切物质产品和精神文化产品。森林文化包括森林产品、森林美学、森林哲学、森林制度、森林休闲等多个层面，涵盖生态保护、水土保持等多项功能。它不仅影响着人们的衣、食、住、行，而且涉及政治、经济、文化等各领域。科学的森林文化以尊重森林和自然规律为前提，既强调人类发展和人类创造，也尊重森林和其他生物的生存权利，将人类作为生态系统中的一个环节看待，致力于人类与生态系统的可持续发展。传承和弘扬森林文化，有助于人们牢固树立热爱森林、崇尚科学、珍惜资源的生态文明观念，正确认识和处理人与自然的关系，坚持科学发展、绿色发展，构建人与自然和谐共存的生态文明社会。由上述分析，森林文化是指人类在社会实践中，对森林及其环境的需求和认识以及相互关系的总和。森林文化亦如其他文化现象一样是精神和物质的相互联系，具有社会特征、经济特征、系统特征。具有时间与空间的差异、特定的表现形式和自身发展的规律。

综上所述，森林文化的广义定义：在长期社会实践中，人与森林、人与自然之间建立起了相互依存、相互作用、相互融合的关系，并由此而创造了物质文化与精神文化的总和。换句话说就是人类在社会实践中所创造的与森林有关的物质财富和精神财富的总和。

在狭义上，森林文化是指与森林有关的社会意识形态，以及与之相适应的制度和组织机构、风俗习惯和行为模式。

（二）森林文化的本质与特征

森林文化作为以森林为背景的协调人与森林、人与自然关系的文化样态，本质上是一种生态文化。森林文化以人为本，以物为舟（即载体），以情作桨，寓意其中，力求达到物随人意、人物相通的境界。这里所讲的“物”，不仅泛指森林中的一切生物，而且还把与森林相连的山石泉瀑等森林自然景物也囊括其中。森林的人格化和人格化的森林，是森林文化的核心与本质，它展示在人们面前的更多的是物的形态（如竹文化、花文化、茶文化、园林文化等）。

森林文化是人类处理人与森林、甚至是人与自然关系时思维方式、行为方式的综合反映，是人类与森林长期相处形成和发展的文明现象，既具有社会属性，也具有自然属性。“以人为本，天人合一”是森林文化的最高境界，其本质和精髓体现为人与自然和谐相处。森林文化的基本特征表现为生态性、民族性、地域性和人文性，森林文化具有创新力、吸引力、渗透力和规范力。

1. 森林文化的生态性

森林文化的生态性是森林文化最显著的特征之一，生态性即从生态学出发，协调自然同人之间的关系。从目前全球性生态危机看，森林的破坏是一个极其重要的原因，占有举足轻重的地位。有科学家断言，假如树木从地球上消失，陆地 90% 的生物将灭绝，全球 90% 的淡水将流入大海，生物固氮将减少 90%，生物放氧将减少 60%，并由此引发土地沙漠化、水土流失、干旱缺水、洪涝灾害、温室效应等一系列生态危机，人类将无法生存。森林文化无论从物质层面、制度层面和精神层面，都将为生态危机的解决提供保障和支持。森林本身是一种生态、一种生命、一种生机。在物质层面上森林能向人类提供现成的无公害或绿色的食物、材料和能源，还可以向人类提供清新的空气，并且能够降解空气中的有毒化学物质；在精神层面上，它能培养人的生态意识、生态情感、生态思维模式，在社会心理上形成主导性的生态文化模式，从而协调人与自然的关系，逐渐生成“生态人”的形象。

2. 森林文化的民族性

森林文化的民族性是指不同民族在认识和利用森林过程中表现出的不同森林背景和不同文化品位。诸多的各种民族，由于处于不同的历史背景和山地森林环境，其宗教、风俗、习惯、情趣，以及生活方式和生产方式在表达上显示出个别性和差异性，正是这种个别性和差异性，造成了森林文化的多样性和丰富性。在西方森林文化中，认为树木是一种不可理解的超越自然的物体，从而产生出对树木的敬畏和崇拜，因而无论在宗教、神话或民间传说中，都给树木赋予了神的光环。如北欧神话中幻想有宇宙树，美索不达米亚平原的苏美尔人也把宇宙看作从海洋中生长出的巨大无比的树木；《冰洲远古文集》认为“树木的根系深达地狱，绿色的树冠伸入天堂，因此，树木把天堂、人间和地狱联结在一起”；《圣经》记载，人类始祖亚当、夏娃受蛇的唆使，偷吃了伊甸园中善恶树之果而犯了原罪，故而人一出生便有了罪。中国森林文化中亦有树木敬畏和树木崇拜现象，但与西方浓厚的树木神学色彩不同，具有浓郁的民族特色和现实的人文色彩，如重人世而不重仙界的人文情结，中国人往往更看重的是森林的物质价值和审美价值。日本森林文化是日本文化的源泉，现代日本人的祖先被称之为“森之民”，日本人一直保持着对森林的亲切和敬畏。日本森林文化不仅影响着日本人的精神，并且已经融入到环境保护、环境教育、山村城市建设、区域经济振兴与流域管理中，发挥着巨大的作用。俄罗斯民族对森林的执著、深厚的热爱，造就了 18~19 世纪的庄园文化，它是园林、建筑、雕塑、绘画、戏剧等艺术的综合体现。俄罗斯大森林自然原生态中所蕴含的神奇和丰富，弥漫在俄罗斯森林间的神秘、沉静与孤寂，影响了俄罗斯民族的忧郁、感伤、孤独的精神气质和苦难意识。

3. 森林文化的地域性

森林文化的地域性，包括所在地民族特质，更多的是体现这一地域的地理和气候的特征。如日本典型的森林文化有照叶林文化和袍栋森林文化，俄罗斯的白桦林文化。中国版图辽阔，森林类型多样。北方和南方，干旱和润湿，山地和海岛，都有不同类型森林分布，从而显示出不同地域森林文化的特征。闽、粤、台沿海一带，广植榕树，城乡榕荫，随处可见，这一带人对榕树特别崇拜，形成崇榕文化；海南以椰树为对象，椰树、沙滩、大海，构筑椰树文化；南方的林区如闽西北、湘西南、桂西南等杉木用材林区，植杉护杉用杉，并有“女儿杉”习俗，呈现的是杉文化；北方多以柏、槐、柳为主，诸多古柏、古槐、古柳均在长江以北，大家熟知的孔林、孟母林、关林等基本由柏树组成。洪润大槐树，位于山西洪洞县西北，相传为明代洪武三年山西移民聚集地，虽古槐已朽，又植新槐，但歌谣“问我祖先来何处，山西洪洞大槐树”，流传至今，洪洞大槐树便非同一般古槐了。与南方的杉文化、棕榈文化、榕文化不同，北方是以柏文化、槐文化、柳文化为主。东北地区，是红松故乡，沿袭的是红松文化；白桦林灰白素洁，景观独特，成为许多摄影家、画家制作的背景，东北大兴安岭地区，住桦皮屋，划桦皮船，用桦皮桶，形成有浓郁地方色彩的白桦文化。江南水乡，则以梅花、桃花为主调，传播梅花文化和桃花文化。南方一带山民吃梅、尝梅，还以梅花五瓣寓意欢乐、幸福、长寿、顺利、和平等五福。说到桃花，既有春天“山桃红花满上头”，又有故乡“在那桃花盛开的地方”，桃源还是诸多文人说不清的理想境界。至于茶乡、竹乡、漆乡、枣乡，叙述的自然是茶文化、竹文化、漆文化和枣文化了。

福建霞浦古榕树群（庄晨辉　摄）

4. 森林文化的人文性

森林不仅对人类有巨大的经济利用价值，有可直观感知的美学价值，而且，面对人性、人格建设的需要，它还具有深厚的人文精神借鉴价值。森林文化的人文性是指以森林为载体所表现的人文精神。此时的森林，已不单指一般物质的概念，而是融入人类精神的一个文化符号。如以松柏象征挺拔独立，四季常青；以竹比喻虚心劲节，笔直不阿；以梅表征凌霜傲雪，独步早春；以榕形容憨厚慈祥，从容大度。此外，胡杨的宁死不屈，凤凰木的热烈奔放，玉兰的素洁飘逸，柳树的婀娜多姿，桑梓的厚实稳重，木棉的新奇瑰丽等等，集中体现森林的独立、坚韧、包容、固守、协作等精神内涵。传统的“松竹梅岁寒三友、桃李杏春风一家”，现代称红柳、胡杨、沙枣为大漠三友，表达的正是森林的人文精神。《太平广记》卷 407 “主一州树”条载，东方荒外有豫樟树，树高千丈，胸围百丈，上有玄狐黑猿，树主一州，有九个大力士，操斧伐之，以占验九州吉凶，不复生则其州灭亡。从表面看这是一条古代神话占验记录，实质要告诉人们一条道理，即森林有无关乎国家兴亡之大事。孔子曰“岁寒，然后知松柏之后凋也”，陶潜诗云“苍苍谷中树，冬夏常如兹。年年见霜雪，谁谓不知时”，李白诗云“太华生长松，亭亭凌霜雪，天与百尺高，岂为微飚折”，还有屈原吟咏的南国橘树，郑板桥所幕写的劲竹，毛泽东赞颂的傲雪的梅树之花等，这些森林中的群体或个体，都能通过人的情感寄托与艺术的加工而成为具有人文精神和人格力量的象征物或环境客体，展现了森林文化的人文性。

福建德化福建柏群落（庄晨辉　摄）

5. 森林文化的创新力

森林文化要在继承中创新、在借鉴中发展、在不同的维度中考量，其研究、发掘、整理与应用也应根据现代的自然条件与社会经济发展概况，去粗取精，总结提高，在各种有形和无形的载体中，构建和创新一个完整的森林文化表意系统，使之更具有科学性、民族性和时代性，让它们为反哺森林、修复森林、建设森林、更好地利用森林，解决当地所面临的生态环境问题和社会经济的可持续发展服务。

6. 森林文化的吸引力

亲近森林，亲近大自然，人们才能更多地热爱自然。森林文化产品可谓琳琅满目，森林观光、森林休闲、森林文学、森林艺术……。不一而足，大自然既是森林文化的生动课堂，又是森林文化的重要阵地。

7. 森林文化的渗透力

从某种意义上讲，建设森林文化，实际上是生态文明更为直观的体现与传播，是人们对森林的反思和寻根。从另一种意义上来说，森林文化又是进行人与自然协调发展，教育、动员人们参与多样性保护的重要手段。

8. 森林文化的规范力

森林文化影响着社会经济的发展，如果说法律为我们勾勒出的是一条底线，那么文化道德的力量则提出更高要求。先进的森林文化是经济社会发展的先导，先进的森林文化价值观则影响着人们的经济行为，影响着一个地区乃至一个国

海南红树林（康建萍　摄）

家的经济发展。管好森林，既需要规章制度，同样也需要文化的力量。专家有言，可持续发展的底层支撑是森林文化，森林文化具有滴水穿石的恒久力量，体现在人和森林的关系，可以开启生态文明的视角，以科学的生态伦理观来匡正人们的观念和行为。

（三）森林文化的定位

森林文化是中华传统文化的一部分，是社会主义先进文化的一部分，是世界生态文化的一部分。

1. 森林文化是中华传统文化的一部分

中华传统文化源远流长，博大精深。而森林文化恰恰是中华传统文化的源头。首先，在人类从森林沿着河岸走向平原的漫长的原始采集文明阶段，木器的使用和学会利用林火，被看作人类文化的最初形态。其二，以竹简作为文化载体，为中华文化的传承做出的重要贡献。竹简保存了一大批《尚书》《论语》等珍贵文献，竹简文化是中华文化形成的重要标志。其三，由竹简到报纸的发明，纸媒体替代竹简，世界文化载体发生了一次革命性的变革，并影响中国书法、绘画、剪纸等艺术门类的出现，这是森林文化对人类文化的历史性贡献。其四，尚有木竹工艺、木结构建筑、园林园艺、茶道茶艺、丝竹管弦等以木竹为载体的文化形式对中华文化所做的贡献。其五，松竹梅岁寒三友作为中华民族崇高精神的象征，深深积淀在人的心理结构之中，成为理想追求的不竭动力。

森林文化在中国传统文化中占有十分重要的位置，是一份丰富和宝贵的文化资源，应当加以整理和挖掘，用以充实当下的生态文化，这是一项十分重要的任务。

2. 森林文化是社会主义先进文化的一部分

面对实现现代化过程中出现的生态环境问题，自 20 世纪 80 年代，党和政府已把人口控制和环境保护作为基本国策。党的十六大把建设生态良好的文明社会列为建设小康社会的四大目标之一。党的十六届三中全会，明确提出以人为本，全面、协调、可持续的科学发展观。党的十七大，胡锦涛总书记阐明生态文明建设的目标，并在国家决策层面上，把生态文明建设同经济、文化、政治、社会建设并列，这为生态文化的繁荣发展提供了方向性和制度上的保障。与此相适应，我国林业的主导思想也发生根本性的转变，即由以木材生产为主转向以生态建设为主，一大批自然保护区和森林公园相继出现。2007 年国家林业局提出现代林业由完备的林业生态体系、发达的林业产业体系和繁荣的生态文化体系组成，这样，森林文化工作被提上议事日程，森林文化为现代林业注入灵魂。

3. 森林文化是世界生态文化的一部分

1972 年 6 月 5 日，联合国在斯德歌尔摩召开由 113 个国家参加的联合国人类环境大会，通过了《人类环境宣言》。1973 年联合国成立“环境规划署”，1983 年联合国大会批准成立世界环境发展委员会。1992 年在巴西里约热内卢举行联合国环境与发展会议，会议通过了《地球宪章》《21 世界议程》《气候变化公约》和《保护生物多样性》等四个重要文件。与联合国行动相呼应，各种民间环保组织如绿色和平组织、海洋保护协会、动物基金会、动物解放阵线、“地球优先”等组织相继形成和壮大。针对日益凸显的全球气候变暖问题，联合国气候大会达成了《京都议定书》和《哥本哈根协议》，生态环境问题已超越不同国家、不同社会制度之间的局限而成为全球性的关切。低碳、节能、环保等理念和生活方式已成为国际社会普遍认同，一大批生态文学、影视、摄影、绘画等文艺作品已经涌现，非主流的生态文化正在转变为主流文化。森林文化作为我国生态文化的一部分，虽然起步较晚，存在不少差距和问题，但终究将汇入世界生态文化的潮流之中。

三、森林文化的主要任务

（一）协调人与社会的关系

工业社会是一个竞争和消费的社会，森林文化主要任务首先要满足社会对物质和文化产品的需求。森林文化能提升林产品的品质和品位，增加林产品的附加值；能延长林业产业链，有利森林综合利用；能更新森林观念，促进林业向多功能林业方向发展。更为重要的是森林文化本身是一个产业，例如花卉产业、绿色食品产业、木竹工艺产业、园林产业、茶产业和森林旅游产业等，其产值每年按两位数增长，前景广阔。森林文化产业因有深厚文化内涵而具有精神方面的属性，能在协调物质和精神矛盾冲突中发挥作用。人与动物最大的不同就在于人有精神需求，包括精神、观念、道德、审美等方面的需求。要逐步使人们从单纯对物质的占用转向精神世界的充实，从物质欲望的扩张转向对生命质量的追求，从追求享乐转向积极健康的生活方式，从以自我为中心转向博爱万物众生。走出尘世，来到林间，森林中宏大的建构和精致的生命定会给人们以新的启迪。无论你的出身、年龄，不同层次的人群，都可以从森林树木身上读到不同的东西。志士读到挺拔独立，贤者读到博大精深，哲人读到从容大度，商贾读到诚信守节，僧侣读到宁静庄严……。此外，花卉盆景，园林小品，木竹雕刻，根雕竹编，以树木花鸟为题材的传说、林谚、诗、画等不同形式的文艺作品，森林文化以其独特品格和深厚内涵，对净化人的心灵，陶冶人的情趣，锻造人的品格起到潜移默化的作用。发掘和弘扬森林文化，既可丰富人们的物质生活，又可调节人们的精神生活。慰问病人，一束鲜花，极为平常，但病友可能在鲜花上看到光明和希望。树木花鸟，均为平常物，却给人送去绿色、丰富的人文内涵。

（二）协调人与自然层面的关系

森林具有两重性，一方面是资源，可供人利用改造；另一方面是环境，要保持其整体生态的平衡。工业社会采用市场经济，发展生产力，以满足社会日益增长的物质和文化需要，解决人和社会之间的矛盾；但无限制的掠夺，一味把资源优势转化为经济优势，导致生态恶化，凸现人与自然之间的矛盾。而森林资源的直接性和简易性，更容易成为工业社会掠夺的对象。农耕社会人口少，手工作业，生产力低下，对于森林资源的破坏只是一个缓慢的历史过程。而工业社会则不同，伴随工业社会巨大生产力而带来的是对自然的巨大摧毁力。如果说几千年农耕社会对森林破坏仅仅局限在黄河中下游地区，造成黄河文明的衰落，而工业化进程的几十年时间，森林资源的破坏，已波及东北、整个华北、长江中下游地区。沙害和水害问题已成为中华民族的心腹之患。气候变暖更是全人类面临的难题，人与自然的矛盾空前尖锐。因此，林业的历史任务责无旁贷。认识森林文化，能帮助现代社会的人们，不断从自然科学层面了解森林，也帮助人们从人文科学层面解读森林。以生态建设为中心，构筑林业生态工程，旨在从物质层面保护和培育森林，补偿自然，使森林文化建立在扎实深厚的自然基础之上。而从人文角度，认识森林文化，从而肯定森林的内在价值，捍卫森林的生存权利。在大自然眼中，自然界中万千物种都具有平等的地位，森林与人类是平等的朋友和同伴。如果说人类有什么特权的话，那就是人类的理性。而人类的理性恰恰不是对自然的傲慢、冷漠和不负责任，而是对自然的敬畏、尊重和平等相处。“每个人都算一个，没有人多于一个”，这就意味着没有任何一个个体价值比另外一个个体价值更重要。如果说 21 世纪人类的观念需要改变的话，那么，首先要改变其自然观和森林观。自然不是人类的对立面，人类自身也是自然共同体的组成部分。森林资源并非无穷无尽，人类应当节制自己。森林资源虽可再生，但人类至今无法模拟一片真正意义上的天然林。了解森林文化，将从人文层面帮助人类树立平等友善和适度开发的自然观和森林理念，包括生态优先和可持续林业等森林理念。而只有确认森林的内在价值和道德地位，森林才能真正融入人类社会之中，并最终赐福人类。

（三）协调人与自身层面的关系

学习森林文化，还有助于解决人与自身的矛盾和冲突，即解决人的内心生活失调问题。美学家叶郎教授指出："自21世纪以来，科学技术的进步，给人类带来巨大财富和利益，同时，也给人类带来深刻的危机和隐患。一切都符号化、程序化了。人的全面发展受到肢解和扼制，和谐的人格的发育成长受到严重的挑战。席勒当年感觉到的'感性冲动'与'理性冲动'的冲突，在当代要比以往任何一个时代都更为尖锐。与此同时，当代社会的生存竞争日趋激烈，人们追逐功利，功利性成为多数人生活的轴心。在功利心、事业心的支配下，每个人的生活极度紧张，同时又异常单调、乏味。人们整天忙忙碌碌，很少有空闲的时间，更没有'闲心'与'闲情'，生活失去任何的诗意。这种生活使得人的内心生活失去平衡，很多人的内心充满灾难感、恐怖感、梦魇感。"这是现代人生活的真实状况。

森林既是陆地生态系统的主体，同时，又是景观和审美对象。正是森林绿色和参差的景观，构筑起人类的精神家园。所谓青山绿水，所谓田园牧歌，所谓诗情画意，莫过于山水加森林。然而，城市化进程迫使人类疏远森林，进入钢筋混凝土的荒漠。于是，人们在室内、阳台、庭院摆弄花草，体现闲心，寄托情趣，或者到绿地、公园、风景名胜地、森林公园、自然保护区等户外公共场所，去调节心情，观光赏心悦目的风景，使心灵得到慰藉。人们在室内莳花弄草，到户外踏青，到森林公园、自然保护区去观赏、散步、小住，无非是转换空间、抛掉繁杂、调整情绪，以求闲适、放松、宁静和平衡。宋代程颢有诗云："云淡风轻近午天，傍花随柳过前川。时人不识余心乐，将谓偷闲学少年。"又云："闲来无事不从容，睡觉东窗日已红。万物静观皆自得，四时佳兴与人同。"说的

福建漳平榉仔洲公园古樟树群（庄晨辉　摄）

是“闲”的重要，闲是生活的一部分，有了闲心，有审美的心胸，从容的心态，才能体察自然，享受生活。所谓“宁静以致远”，所谓“空顾纳万境”讲的也是这个道理。在静谧和无形中，才能拓宽空间，感受日常生活以外的景致。在闲情逸致中，人才能进入内心，从而从容感受森林、自然、宇宙，体味精神世界。此时，树木、花卉、阳光、草坪，才真正为你所感受，为你所拥有。学习森林文化，将帮助人们深入了解森林的人文精神和文化内涵，借来闲心，在更高层次上品味森林，享受生活。

第一章

森林美的欣赏

森林是以乔木为主，包括植物、动物、微生物所组成的生物群落，是陆地生态系统中面积最大、组成最复杂、结构最完整、生物产量最高、生态效益最强、影响最大的“巨系统”。森林直接关系到人类的生存和发展，人类一时一刻也不能离开森林。现在，人们不仅认识到森林是人类的摇篮，早期的人类就是从森林中走出来的；森林是资源的宝库，为国民经济提供重要的生产、生活资料来源，蕴藏着有待开发的极为丰富的动植物资源；森林是自然环境的调节器，能够调节气候、改善环境，涵养水源、保持水土，防风固沙、保护农田，净化空气、防治污染，杀菌驱虫、减少噪声。同时，森林还是一个审美的对象，是净化人们的心灵、提高人们的审美意识、满足人们精神需求的一个重要对象。

欣赏大自然的美、森林的美，可以说是古已有之。早在两千多年前的中国古代典籍《诗经》中就有许多关于“森林美”的记载，主要是通过对森林植物的描写，阐述人世间的情怀。从中国的历史进程来说，至少到魏晋南北朝以后，已经涌现出大量专门以自然、森林为题材的诗歌、绘画和园林艺术的森林文化，并且成为中国文化中的一朵奇葩。本章将从森林美的构成、森林美的特征、森林的美感以及欣赏森林美的精神境界等几个方面介绍对森林美的欣赏。

福建延平区杉木林（来源：福建省林业厅）

第一节
森林美的构成

什么是美？应当怎样给美下个定义？我们认为，从主、客体相结合的角度规定美的本质是有道理的。美的事物千姿百态、千变万化，存在形式十分复杂。美大体可分为社会美、自然美、艺术美三种形态。社会美是社会事物和社会现象的美，自然美是自然事物和自然现象的美，这两者统称为现实美。艺术美是艺术作品具有的美，它是现实美的反映，又是艺术家主观情感的表现，是艺术家对生活的审美感情和审美理想与现实美丑特性在美的艺术形象中的结合。艺术美最大限度地体现了人的自由创造精神，因而美是艺术的最根本的特质，没有美就不称其为艺术。

森林是一种自然物，所以讨论森林美，首先应该了解自然美。自然美是客观世界中自然事物、自然现象的美。它分为两大类，一类是人为加工过的自然物，如沙漠变为绿洲，荒山变为花果山，金色的麦浪，碧绿的田野，肥美的羊群等。这类自然物打上了人类活动的印记，是人化的自然，是人的本质品格的确证物。另一类是未经人为加工改造的自然物，如日月星辰、蓝天、大海、原始森林等，这类自然物虽然没有人为改变其形态，但这些自然物和自然现象只要进入人的生活领域，就参与了人类生活，和主体构成互相作用的对象，和人类发生了物质的和精神的联系。阳光是生命的源泉，太阳能可供多方利用；大海蕴含着无限的宝藏，又提供了水上交通的条件；月亮一向是被人神秘化的对象，但也有登月火箭的第一批游客光顾过了。所以，人们虽然没有改变它们的物质存在形式，但同样可以认为与人类发生物质的关系，是人化的自然。

自然物还与人类发生精神的联系。人类在漫长的实践活动和历史发展中，由于人和对象物的相互作用，反复感受物象的形式，因而形成了对形体、色彩、声音等形式因素协调、对比、对称、均衡、比例、节奏、韵律、多样统一等形式美的感受能力，并使其具有了独立的审美价值和特定的情感色彩及象征意义。自然美，虽然内容一般显得比较模糊笼统，含义不够明确、确定，然而其形式往往显得鲜明具体，例如火红的太阳，朗朗的晨星，高耸的山峰，平静的水面，绿色的森林，红色的鲜花，嘤嘤的鸟鸣，呼啸的风声，其音、形、色都能通过感官而清晰地感觉到。除此之外，大自然还有特定的运行规律，如月有圆缺，花有开落，春夏秋冬的交替，阴晴雨雪的变化，松树经冬寒而常青，梅花处冰天而独芳，所有这些自然物象和自然特性，都显示和象征着自然的无限性、丰富性、创造力、生命力和崇高、优雅、和平，暗示了人生的哲理，人类的本质品格，和人的心理欲求相适应，所以能对人产生神奇的魅力，给人们带来美感。可见森林美的欣赏一方面是森林的客观表现力，另一方面就是人的主观感受能力，只有将两者结合起来才能真正地谈及森林美的欣赏。

一、森林美的组成

森林不仅仅是指以高大乔木为主体，与藤、灌、草所共同构成的植物群落，同时还包括森林动物和微生物，包括光、温、水、气、土等无机环境，这就使得森林美绝不单纯是森林的整体美、森林的树木美，它还包括森林环境美，包括森林动物的美、鸟兽的美、昆虫的美，还包括与森林相关的无机环境的美，如山美、水美、气候美，等等。

1. 森林植物美

（1）森林植物的色彩美

“色彩感觉是一般美感中最大众化的形式”，色彩是形式美的主要因素，是与大千世界联结在一起的，是美的构成因素。同样，以林木为主体的植物色彩美，是森林植物美的组成部分。色彩是激发情感的对象物，所以常常具有象征意义。森林色彩以绿色为基调，是绿色的海洋。绿色总是和生命联系在一起，所以人们都把生机勃勃的绿色作为人的生命的象征。树叶的颜色常因树种的不同而呈现不同的色相、明度和彩度。大多数树叶的颜色是绿色，但也有红色、

福建尤溪县龙门场银杏林
（来源：福建省林业厅）

紫红色、红褐色等。就绿色而言，又有深绿、浅绿、灰绿、蓝绿、黄绿之分，而这些不同的绿色又随季节的变化而变化。如春天葱绿，夏季苍翠，秋末暗绿或黄红。人们可以根据不同树种的丰富叶色及其变化规律进行配置，使其颜色及浓淡变化在构图中呈现出既鲜明多样又巧妙的统一。作为森林地被植物的野花是最诱人的，红、黄、蓝、白、紫五彩缤纷的花朵，点缀在绿色林地上，十分美丽。在森林内，树干的质地和颜色，也能对视觉产生很大影响，因此树干的颜色、斑纹和质地也是构成森林色彩美的重要组成部分。有的树木枝干色彩别具特色，具有很高的审美价值。例如，白桦树就以粉白色的树皮，潇洒的枝叶，令人赏心悦目；白皮松树皮细腻，粉绿和灰褐色相间状如虎皮，故有虎皮松之称，加上树木高大壮观，有很高的观赏价值；青杨的树干，纹理细嫩光滑，颜色青绿，使人感到亲切而有生气。此外，还有褐色、灰色、棕红色、红褐色、黄褐色等各种颜色的树干，其色彩之丰富，不亚于树叶的多变，只是不及叶色鲜明而已。不同色彩和质地的树干林立构成的群体景象，营造出不同的情感气氛。暖色的，冷色的，中性色调的，粗糙的，细腻的，带来不同的情感联想和象征，引来不同的审美心理感受。除了林木植物本身的固有色彩，气象因子色彩的参与使其色彩更加生动，如大雪中的青松和红梅，会产生更加情趣盎然的诗画意境，大大提高了美的效果。

（2）森林植物的形体美

色彩总是和物之形体结合在一起作用于人的视觉并引起情感反应的。从外面远眺森林，形成的总体形象是由起伏变化的林冠线勾画出来的，它造就了蓝天下富于节奏的林韵。在林地内部，则又能看出林木个体形态的丰富性。树木都有其固有形态，乔木树冠有球形、半球形、圆柱形、圆锥形、杯状、卵形、

福建闽侯县榕树王
（来源：福建省林业厅）

不规则形、垂枝形等；灌木树冠有扇形、匍匐状、蔓状等；乔木树干多是直立单干，但也有双干、斜干、曲干等；树枝形态有水平向的，上斜和下斜的，波状的，下垂的等；叶的形态更是多姿多彩，千变万化。从总的来看，大体可分为针叶和阔叶，阔叶有单叶、复叶之分，而单叶叶形又有圆形、椭圆形、心形、扇形、披针形、马褂状、带状、羽状等。不但树种不同，形态各异，就是同一种树木，也会因其树龄不同，其枝干、树冠的形态各有特点，如油松的树姿在幼龄、壮龄和老龄这三个不同的龄期就显示了完全不同的姿态。同一种树，由于生长环境的不同，也能形成不同的树形。在积雪多的地方，由于树枝受积雪重压，使树干变弯、树枝横向张开。在某些海岸或山岳地带，由于季风风向恒定，树干都顺风向倾斜。还有生长在石缝或悬崖上的树木，则往往枝干蜷曲，盘根抱石，形态苍古奇特，颇具画意，是东方水墨山水画中常见的表现对象。

（3）森林的韵味美

林木的色彩特征和其生态习性结合在一起，往往产生一种韵味、灵气，可以激发情感联想和想象，这种韵味给人的感受已经远远超出了人对具体物象的反映。所以，有韵味的形象，给人的美感享受会更强烈。例如松树，树体高大壮观，绿色针叶经冬不凋，老松横枝凌空，苍劲挺拔，特别是在大雪之后，雪压青松，具有一种高洁的神韵，常令人产生崇高的美感并浮想联翩。枫树黄栌，秋天红叶似火，带来晚秋的浓烈气氛，被人们格外钟爱，因此才有“停车坐看

江西三清山奇松（陈基传 摄）

枫林晚，霜叶红于二月花”的绝句。有人又从“晚秋红叶色正浓”想到人近晚年而壮心不已。柳叶桉干身修长，枝叶潇洒，有仙子之风韵，故有人称之为林中仙子。以上三种不同的树种，正是由于形态韵味的不同而给人完全不同的审美感受。也正是由于树种之间这些不同的形态、色彩、韵味，才使人能运用这些树木植物材料，按照人们的审美理想，创造美的森林景观，提高森林美的质量，这正是森林艺术的内容。

2. 森林的动物美

林中动物是构成森林有机体的重要因素，没有动物的森林不是健全的森林。森林给动物提供了繁衍生息的场所和食物；而有的动物又为林木捕除害虫，保护森林。可见，林木和动物之间，动物和动物之间，相互依存、相互制约，才能维持森林的生态平衡，这也是森林美的基础。

森林动物大体可分为三类，即兽类、鸟类、昆虫类。

① 林中野兽是游客最感兴趣的内容之一，发现和追踪狮、虎、熊、豹等大型猛兽的足迹，是一项有意思的活动。野兽，是具有很高审美价值的审美对象。狮、虎、豹有着斑斓的皮毛，彪健的雄姿，凶猛的习性，它们既是勇敢和力量的象征，又是以强凌弱、强暴残忍的象征。这里的美丑具有双重意义，正是人们既恐惧又欲欣赏的双重心理原因。对这些大型猛兽的欣赏，必须有安全防范条件，才能构成现实的审美关系。但如果把它们关进笼子里，则又

广州长隆野生动物园（吴小青　摄）

失去了其自然状态下的虎虎生气，其审美魅力也就降低了。对于林中那些于人无害的中小型兽类，如猴、鹿、麂、兔、松鼠等，则多是令人喜爱的动物。猴子灵活、诡谲，拟人的神情动作，引人发笑。鹿，特别是梅花鹿，那带有白色圆形斑点的皮毛，枝状的鹿角，长长的脖颈，加上温顺的习性，都会使人在审美感受中产生一种爱怜之情。还有野兔、松鼠等小型动物，都以其独特的形象，活泼、机灵、迅速的动作，体现了美和善的统一，所以历来都成为艺术家们描绘的对象。

② 林中鸟类，种类繁多，数量大，形态丰富，羽毛绚丽，而且有婉转的叫声，所以是人们在森林中接触较多、令人喜爱的动物。养鸟、赏鸟是人们的一大乐趣，而鸟的鸣叫历来被看作美的声音，被口技、器乐所仿真。有些鸟类，以林木害虫为食，故有森林卫士之称，因此除个别猛禽之外，鸟类是森林中最使人悦目、娱耳、赏心的动物。

③ 森林中昆虫的种类很多，数量更大。其中很多是害虫，产生危害多为幼虫。幼虫形态丑陋，没有什么审美价值，是令人憎恶的捕杀对象；但经过发育变态，其身体会发生不同的变化，如蝶类幼虫孵化为蝴蝶之后，双翅五彩缤纷，翩翩穿行于林木花丛之中，惹人喜爱。美丽的蝴蝶被人们视为美好自由的象征。昆虫一般形体微小，即使是益虫，其个体的审美价值也不大。但林中辛勤采花嗡嗡作响的蜂群，夏日山林遍野此起彼伏的蝉声，秋夜悠长的虫鸣和森林溪边点点闪烁的流萤，都会给人以美的启迪，留下难忘的美好记忆。

林中蝴蝶（王邦富　摄）

3. 林地山水之美

林地是林木和其他动植物的载体，赖以生存的空间，是森林有机体的组成部分，也是森林美的重要因素。林地的地形大体分为平原林地、丘陵林地、山地林地三种类型。平原林地虽然地形缺少变化，但林地平坦，作业方便，道路水平向延伸，是游览最为轻松的地形。丘陵林地比平原林地富于变化，地形的起伏，带来森林外貌的韵律和节奏，游人漫步在起伏蜿蜒的游路上，会更增加美的情趣。山地起伏比丘陵更大，而且形貌千变万化。有的雄伟险峻，有的秀丽幽静，有的峰岭连绵，有的山石奇特。我国有着悠久的山石审美传统，并在长期的欣赏实践中积累了丰富的经验。

① 山　山体的形象由于受晨昏光影、季节更替以及气象因子的影响，往往呈现出不同的景象。我国画论中总结了这种山景变化情况，指出"夜出低，晴山近，晓山高"，"春山淡冶而如笑，夏山苍翠而如滴，秋山明净而如妆，冬山惨淡而如睡"，而雨雾中的山景，则扑朔迷离、若隐若现，"山色空蒙雨亦奇"，表现出一种朦胧美。

山石的形态、色彩、纹理乃至质地更是丰富多彩，不但是进行森林美化的自然材料，也是森林景观美的重要内容。我国有赏石的传统，历史上有许多文人爱石成癖。宋朝米芾到处搜集各种各样的奇石，并造"石文斋"以供玩赏。但是森林山石之美，不同于庭园、公园中的假山之美。林中石景是自然天成的山石个体，它虽不以"瘦"、"透"、"漏"、"皱"、"丑"见长，但却以质朴的天然野趣取胜。如林地中半埋半露的卧石，溪水中滚动的圆石以及山地、湖边各形各色的石子，无论它是浑圆顽夯，还是剑立玲珑，都能以其和周围林木、藤萝、花草、水体的自然结合，浑然一体，令人感受到一种宇宙间的润泽、天趣以及天然的诗情画意。

② 水　水也是森林有机体的重要组成部分。山水相依，有水山才活。林地内的水景是构成森林美的重要因素。水体存在的形式多种多样，有山泉小溪，有飞流瀑布，有径流河川，有池沼湖泊。林间溪水清澈可爱，奔流于山谷，蜿蜒起伏、回环跳跃、一路欢歌，给人以自由欢快的美感。瀑布是水体流动最激烈的形式，水帘从高处跃入深潭，隆隆有声，是非常壮丽的自然景观，历来受到诗人画家的青睐。"日照香炉生紫烟，遥看瀑布挂前川，飞流直下三千尺，疑是银河落九天。"正是这种奇异雄伟的景观的生动写照。可以说，瀑布是森林景观的精华所在。湖泊水面开阔，波平如镜，蓝天白云、山形树影皆倒映其中，鱼群时隐时现，水鸟此起彼落，是森林中别具特色的景观。水从地下涌流而出，形成泉水，泉有涌泉、珍珠泉、壁泉等不同形式，构成不同的景观。温泉既是观赏对象，又有疗养健身的功能，是森林旅游和疗养所要开发的资源。

武夷山青龙瀑布（陈基传 摄）

4. 森林声音美

声音是由物体振动而发生的声波通过听觉所产生的印象。声音可分为自然发生的声音和人按美的规律创造的音乐的声音。自然发生的声音都是自然而然出现的，雷鸣、风吼、虎啸、猿啼、莺啭、虫吟、人喊、马嘶等声音现象形成了复杂万端的自然音响，这自然音响和音乐音响所表现的美，称为声音美。

森林音响是森林自然因素和自然现象以及它们的相互作用发出的声音，它是自然音响的重要组成部分，是森林美的构成因素。它包括林中鸟、兽、虫的鸣叫；山林中泉、溪、瀑布的水声；林木被风、雨、雪、雹吹打形成的林涛呼啸、习沙作响等声音。

欣赏森林声音，早在我国春秋战国时期就出现了，《诗经》中记载的“嘤嘤草虫”，“呦呦鹿鸣”，“伐木丁丁，鸟鸣嘤嘤”，正是以森林音响美为起兴吟成的诗句。南北朝时期的吴均在《与朱元思书》中喜谈山林音响之美：“泉水激石，泠泠作响；好鸟相鸣，嘤嘤成韵。蝉则千啭不穷，猿则百叫不绝。”刘勰把自然音响看成“道之文”，“林结籁响，调如竽瑟；泉石激韵，和若珠锽；故形立则章成矣，声发则文生矣。”从这些诗文可以看出，自然声音已成为独立的审美对象。文中描写的水声、鸟声、猿叫、蝉鸣，以及风吹林木，树枝交结发出如竽瑟的美妙声音，交相并奏，构成一曲节奏和谐的森林音乐。这正好表现了生命运动的节律，与人的心理倾向相适应，因而能够激发人的审美情感，并唤起丰富的联想和想象。森林的植物美、动物美、山水美、声音美构成不可分割的森林美的整体。人们欣赏森林美，既要体察森林整体的浑厚，博大神秘，又要领略森林美的各种因素的柔美和灵秀，并从中得到人生的启示。

二、森林美的特征

森林美具有自然美的一切特征，但又有其自身的特殊性，概括起来大致有以下几方面：

1. 规模宏大

森林的规模宏大，约占陆地面积的30%。它既可外赏，又可内观，内外景观不同；既是欣赏对象，又是欣赏环境，主体、客体、环境和谐统一。作为观赏对象，森林规模是巨大的，人的视野往往不能囊括其整体形象。在林外，登高远望其外貌，苍苍林海，巍巍壮观；入其林内，仰视才见高大树冠，平视望不透林木群体，茫茫无际，深幽莫测。作为欣赏环境，人在其中游览移动，在森林环境中感受森林的美。森林环境包裹着主体，主体又观照着森林物象，三者交融作用。

2. 绿色为基调

整个世界有三种基本色——森林植物的绿色、海洋的蓝色和冰山雪帽的白色。森林美是以绿色为基调，并有着复杂结构的特殊生命世界。在大地的母体上，聚集养育着众多的以森林为主体的绿色植物，而绿色植物又养育着森林动物，它们协调共处，生生不息，这种和人生意义相契合的自然物质环境，正是森林美的魅力所在。当然，这并不排除其他颜色的存在，特别是五彩缤纷的花朵，争奇斗艳。但是，从整个森林群落来说，其基本色、主导色是绿色。

3. 易变性和多样性

森林形象随时间的流逝和观赏位点的移动而变化，森林美由此具有易变性和多样性。同一片森林，树龄不同，森林面貌就不同。一般地说，幼龄树和壮龄、老龄树相比，审美价值要低；同龄林木，由于季节的变化，也会出现春、夏、秋、冬面目迥异的林相。就是同一树龄、同一季节，但在不同的气象条件下，森林形象也是不同的。阴、晴、雨、雪、风、霜、雾、霭、晨昏四时等的变化，森林的情态、意境也会截然不同。另外，随游人视点移动，也会出现不同风景画面，就像欣赏电影艺术那样，看到的是一个动态的森林风景序列。

4. 功用性

森林的功利和美相统一的特点，强化了森林美。森林被称为绿色的金子，它不但为人类提供木材和其他林副产品，还能平衡生态、保护水土、调节气候、净化空气，从而起到卫生保健等作用。虽然个人审美是无功利的，但在其根底里含有功利性。人们面对同人类自身有如此重大作用、和自身的生活息息相关的大森林，会使它在心目中的形象更加崇高壮美，并产生由衷的崇拜和爱的情感，这里便含着美的根底，人类最初的审美愉悦不就是从这里萌生的吗！此外，森林的绿色，森林散发的芳香，释放的氧气，对空气的杀菌净化等，这些都能对人的生理活动产生良好的影响，使人感到身心轻松舒适。正是这种森林本身营造的特殊的欣赏环境，对审美主体和审美客体起了协调作用，从而加深了美感效应。

第二节
森林的美感

森林美的客观表现力，即森林美的构成要素和森林美的特征。美的客体的存在最终目的是给人们提供一个审美的对象，是为了人们更好地去欣赏森林的美。要完成美的欣赏活动还需要主观的感受能力。

一、人的欣赏美的能力——美感

美感是由客观对象的审美属性所引起的主体情感上愉悦的心理状态，包括感受、知觉、想象、情感、思维等心理功能在审美对象的刺激下交织活动形成的心理状态。

美感的主要特征：

（1）对形象的直觉性

人在感受审美对象时，对于功利的、道德的、理智的因素似乎都无暇思考，就直接体验到了对象的美。实际上，在美感直觉里仍然潜伏着理性的内容，但这些理性内容不通过自觉的思考判断直接表现出来，而是人在长期生活实践中形成的理性认识，作为感知、想象、情感等的基础在起作用。

（2）美感具有情感体验

情感体验贯穿于美感心理活动的全过程，是美感发生的内在动力。情感体验的强弱正是美感强弱程度的标志。

（3）美感的能动性

美感不是对客观世界的消极反映，而是一种积极、主动、创造性的主观反映，所以审美过程中的美感体验，往往超出审美对象所包含的内容。

（4）美感的最终心理效应是愉快的

美感的外在表现形式和心理体验是多种多样的。因审美对象的类型不同，而产生舒适、赞叹、爱慕、兴奋、惊恐、悲凉等，但最终的审美感受是愉悦。

人的审美能力是在社会实践中形成和发展起来的。从整个人类看，这种能力是人类在实践中逐步形成、完善并世代相传的审美心理生理结构功能；从个人看，它是个体在审美实践和审美教育中所取得的感受美的能力。每一个人既是人类历史发展的结果又是个人在特定时空实践和经历的产物，所以人们生存的时代不同、民族不同、阶级不同、地域不同、个人的经历和天赋不同，其审美标准也不同，即使同一个人处在不同的心境和情绪条件下，对同一审美对象的感受也不同，这就是美感的差异性。美感是审美对象的主观反映，因而在一定条件下对同一个对象，会产生大致相同的美丑评价，但从来没有绝对一致的标准，而是绝对和相对的统一。

二、影响森林美欣赏的因素

影响欣赏森林美的因素是多方面的，概括起来可分为主观和客观两方面的因素。

1. 主观因素

审美活动是一件复杂的事情，你认为美的，可能别人认为是丑的，出现这一问题的关键就是审美是一种主观的认识活动。因此，森林美的欣赏主观因素起着巨大的作用，具体的因素如下：

（1）生理因素

生理因素是首要的。因为任何一种审美活动，都需要去看、去听。当然森林美的欣赏还有其独特之处，对森林美的欣赏，不是单纯依靠人的某一种“感官”，像“音乐”主要是靠听，像参观“画展”主要是靠“看”，观赏森林的美，不仅要“看”，要“听”，而且要把全身的各种感觉全部调动起来才有可能实现。这就是说“森林景观”是一种复合型的、综合性的享受，观赏森林景色要诉之“视觉”；听风声、水声、鸟叫、虫鸣要诉之“听觉”；赏闻树木香气、野草花香要诉之“嗅觉”；感受树木的温凉、水流的清凉、空气的沁凉要诉之“触觉”；欣赏山中的清泉、山菜野菇的美味则要诉之“味觉”……

（2）审美修养

进行审美活动离不开一定的森林知识、文化知识、艺术修养和对自然的审美能力，只有具备这些条件才能去感受和理解美的森林。马克思说过，“对于不辨音律的耳朵说来，再好的音乐也毫无意义，音乐对它来说不是对象，因为对我来说任何一个对象的意义都以我的感觉所能感知的程度为限。”对森林作用的无知，对艺术和自然美缺乏审美能力的人来说，再美的森林也没有意义。

（3）情绪情感

情绪的好坏往往成为审美活动的一个制约因素。欣赏森林美要静下心来，细细品味这是鉴赏自然美,包括森林美的一个首要态度或者说是最基本的心态。森林里的美景四时有别，朝暮各异，如果不是静下心来，细细品味，就很难从中体会出来。古人有云：“云气”是“春融洽，夏蓊郁，秋稀薄，东暗淡”；“山”是“春山淡冶而如笑，夏山苍翠而如滴，秋山明净而如妆，冬山惨淡而如睡”，如果不是静下心来，细细品味，怎么可能观察得如此细致。就观察“树”也不都是绿色一片，同样是槐，这里就有国槐、刺槐、金叶槐、蝴蝶槐、五色槐、黄槐、紫穗槐的区别，一般槐树开的都是白色的花朵，而红花刺槐满树开的是粉色花朵、黄槐开的是黄色的花朵；蝴蝶槐的树叶卷曲像一个个蝴蝶；五色槐不仅树势挺拔高大、树姿端庄优美，而且花开五色，白、黄、绿、红、紫，十分奇特。同样是柳树，这里又有旱柳、垂柳、沙柳的区别，旱柳的枝条短而上扬；龙须柳的枝条短细而弯曲，真有点像神话中龙王的胡须；绦柳的枝条有如长长的丝带下垂；金丝垂柳的枝条不但长长的下垂，而且枝条本身是金黄色的；雪柳，枝条稠密柔软，晚春白花满树，犹如积雪，因此得名雪柳的美名；沙柳，白色的绒毛布满全身，这又是另外一种景象了。

2. 客观因素

森林欣赏的客观因素有两个：一是作为欣赏对象的森林景观，二是欣赏森林景观的客观环境。就森林作为欣赏对象而言，由于森林风景美的程度不同，所引起的美感愉悦强弱也不同，森林风景审美价值越高，给人的审美感受就越强烈。一般说来，龄期高的森林优于龄期低的森林；混交林优于单纯林；有较多野生动物栖息的森林优于少动物的森林；有人文景观的森林优于无人文景观的森林；结合独特的山水自然景观和人文景观开辟建设了风景点的林区比意义模糊的一般地理类型林区有更高的审美价值。总之，森林风景越富于变化性、多样性、新奇性、独特性，刺激信号越丰富、越新鲜，给人的美感就越强烈，印象就越深。

欣赏的时间也是关键性的因素之一。所有的自然现象，包括森林植物都是一个不断变化的因素，而且这种变化是有时间性和规律性的。比如，花开的季节与气候是联系在一起的。依照中国传统历法的记载，从小寒到谷雨，128 天

深秋红似火的枫叶（陈基传　摄）

的节气中，每5天为一“候”，每一“候”开一种花卉，因此，有24番花信之说，其顺序是小寒三信：蜡梅、山茶、水仙；大寒三信：瑞香、兰花、山矾；立春三信：迎春、樱桃、望春花；雨水三信：菜花、杏花、李花；惊蛰三信：桃花、棣棠花、蔷薇；春分三信：海棠、梨花、木兰花；清明三信：桐花、麦花、柳花；谷雨三信：牡丹、荼蘼、楝花。李白在诗中不是讲“烟花三月下扬州”吗？要想观赏秋红落叶的美景，过去在北京必须是每年“霜降”以后到香山一带才能看到，否则难以感受“红于二月花”的强烈美感。

欣赏环境也是影响欣赏效果的重要条件。欣赏环境可分为位置环境和社会环境。

位置环境主要是指观察者的角度。观察者的角度不同感受是不一样的。正如苏东坡在《题西林壁》诗中所讲的，“横看成岭侧成峰，远近高低各不同。不识庐山真面目，只缘身在此山中。”所以，要选择不同的角度，即最佳观察点。峨眉山每当下午4点的时候，如果前有浓云密布，后有强烈的阳光照射，就会在云雾上看到美丽的光环。如果游人站在舍身崖前，还会看到自己的身影也显示在彩色的光环里面，这就是所谓的“佛光”。又比如，在观赏北京原土城遗址公园的时候，如果我们在周围走一走，就可以发现每一个地段的景观是不一样的，除了一些古迹景点以外，就森林植被来讲也是不一样的，有的地段是油松林、有的地段是白皮松林、有的地段是国槐油松混交林、有的地段又是合欢与刺柏混交林，漫步其间，偶尔传来一两声高亢的京剧叫板，那是游人悠然自得的生活写照。

除了空间环境之外，还有社会环境，就是说，观赏者所处的时代、民族、科学文化传统、审美习惯、社会氛围等，都制约和影响着主体的审美趣味和欲望。例如，在中世纪森林是强盗出没的场所，它对人来说只是恐惧的对象；进入资本主义初期，人们看到的只是木材的商品价值，而不是审美的对象。由于森林的无止境的采伐而造成的森林资源危机和浪漫主义文艺思潮盛行，促成了对大自然和森林美的关注。在人们面临严酷的生态灾难和环境危机的当今时代，人们对森林的审美意识将和生态意识交融在一起，而以新的认识来审视森林，以新的感情观进行森林审美。可见人们对森林的审美情感，是随时代的发展而变化的。

第三节 欣赏森林美的三重境界

“森林本身没有风景存在，是我们创造了风景”，这句话说明美是人们定义的，不同的人对于美的理解是不同的。在欣赏森林美的过程中，根据主观体验的深刻性可以分为三重不同的境界，即感官境界、艺术境界和宗教境界。

一、感官境界

感官境界是多数人常见的一种审美状态。这种审美情感是依靠审美的主体直接接触客观的审美对象所获得的直接感知，不需要任何中间的环节。如欣赏一朵花，我们不需要通过植物学先了解这朵花是什么花，属于哪一个科、哪个属，有什么性质和特征，而是直接通过眼睛看，鼻子闻就可以感受到的美。由于森林景观的特殊性，因此在它的刺激下产生的感官感受也就具有了自己的特点。

首先是崇高感。森林规模宏大，结构复杂，环境幽深静谧，能给人带来多种类型的感官感受，但以崇高壮美感为主。人们走进大森林，往往有这样的情感体验：抬头大树参天，四望林海茫茫，森林的幽深，使人感到神秘；森林的寂静，使人感到恐惧。在这种环境里，人们感到自身渺小得不可名状，而对森

福建建瓯市柏树林
（来源：福建省林业厅）

林产生一种敬畏，这正是人对森林景观的壮美特征带来的崇高感受。

其次是一种宁静感。森林环境是一种特殊环境，它营造了一种独特的氛围。游人进入森林，犹如投到森林的怀抱，立刻被森林的环境气氛所拥围。当你平心静观时，就会中断日常意识，进入审美注意，这种注意是一种静心的体察，不是对一个点的注目，这种无意识的体察又变为审美的期望，于是全身心地拥抱森林大地，从而产生一种从未有过的兴奋和激动，但又感到安适和平静，似乎隔离了尘世的烦恼与艰险，找到了精神上的庇护所，从而获得了自由和解放，产生了由衷的精神上的喜悦。

再次是获得了一种安逸感，即森林的形式和特殊功能给人带来的生理上的舒适感。众所周知，森林林冠能遮挡阳光、减弱太阳光的辐射强度，降低林中空气和地面温度，所以在夏季，阴凉的森林环境就成为人们避暑的好去处；森林里有充足的氧气，丰富的负离子，空气十分清新；森林植物的芳香气味，可以调节中枢神经，镇静安眠，消除疲劳。目前已经有人利用奥妙的植物气味，建立了一种新型医院，进行香味疗养和“森林浴”。“森林浴”就是使身体和森林环境接触，充分享受这些森林植物的功能，进行健康疗养活动。有研究证实，森林的绿色，不仅是森林美的因素，给人美感，而且也能影响人的生理过程，如扩充血管，降低血压，消除视觉的疲劳。

二、艺术境界

艺术境界是建立在“感官”认识的基础上的一种更高的情感升华，比如人们在观赏一棵“情侣树”的时候，自然会联想到自己，会联想到自己的美满生活，甚至会升华为艺术形式。由森林的美景引发的这一境界层次的表现形式多样，如诗歌、绘画、书法、园林等。

在我国传统文化中将森林的美提升到艺术境界的作品主要有以下几类：

山水比德型。这是以孔子为代表的观点，也是最早的自然审美观，即把自然物的某些特征与人们伦理道德相比拟，通过自然人格化，来寻求人与自然山水间的内在精神的契合。就像孔子所说：“智者乐水，仁者乐山。智者动，仁者静。智者乐，仁者寿。”

借物抒情型。如王维的《山水论》、张璪的《绘境》等。他们论述的问题和具体观点十分丰富，但从自然审美方面来讲应该说有一条基本的线索，这就是“借物抒情”的观点，也就是有意识地借助自然山水、借助于树木花草来表达自己的所思所想。如唐代杜甫的《望岳》是盛传后世的吟山之作。“岱宗夫如何？齐鲁青未了。造化钟神秀，阴阳割昏晓。荡胸生层云，决眦入归鸟。会当凌绝顶，一览众山小。”诗的一开始就问泰山的全貌是什么样子？齐鲁大地“青未了”，在诗人看来，此时的泰山、绿树成荫、生机盎然，用一个“青”字作了最形象的概括和总结。接下来，进一步描写了山的奇丽与险峻，自然造化锤炼了泰山具有那样神奇的景致，同时因泰山的巍峨之势而分出清晨与傍晚来；泰山的浮云，由近及远飘荡开去，使自己的胸襟也随着浮云飘荡；而空中的小鸟自由自在地飞翔也使诗人的思绪更加开阔。最后一句，在泰山的顶峰，俯瞰群山，更感到群山的“渺小”。这种描述，不仅表达了对祖国秀美山川的热爱，同时也表达了诗人踌躇满志，对未来充满信心的政治抱负。

艺术境界的欣赏没有停留在感官享受的程度，而是对森林美的精神意义的发掘和推崇，这有助于人们在欣赏森林美时超过表面的现象去寻找大自然内在的精神品质，从而为艺术家、美学家从更高层次探索山水之美开辟了道路。但是这一境界仍然停留在对森林这一主体的审美层次，还没有达到对自然山水的超然境地，无法达到更深的审美体验。

三、宗教境界

宗教境界是在审美过程中人与自然之间相交相游，自然与人之间浑然一体的“天人合一”的审美境界。人们在进入森林后往往会被眼前所接触的景象所感染，进而由森林的生命运动想到人生、宇宙，仿佛自己的生命也和森林、宇宙融为一体，取得了完美的和谐，这正是进入了审美效应阶段而达到的审美境界。审美主体全身心地去体验感应自然，自觉地以审美眼光看待自然山水，既不拘泥于山水的外在形态，也不受囿于伦理道德的理性制约，更不会牵挂于世俗中的浮浮沉沉，而是在人与自然生命的神遇迹化中，把心完全融化为物，物也完全融化为心，从而达到物我融为一体的相谐相忘境界。道家称此为“物化”，禅家称此为“梵我合一”，儒家称此为“天人合一”。

鲁迅先生在谈及旅游时，竟说“跳出了讨厌透了的自己的家，扑进大自然的怀里去”。在森林中的人们感受壮丽而丰富的森林风光，没有丑和恶的东西令人苦恼和愤恨，一切都以自然和谐面貌作用于人。人们在这种空间和时间里，感受的是类似自由、和平、友爱、宽容的精神环境，这种直觉，又通过各种情感心理活动平衡心理，修养道德，最后达到精神境界的提升。所以森林审美所获得的效验是融美感愉悦、心灵净化、身体快适三位一体的综合效验。

森林环境带来了肉体上的舒适，生理上的快感，而生理上的快适感又带来良好的情绪和心境，而这又给审美过程创造了适合的心理基础，使审美活动顺利展开并加深美感愉悦的体验。这种身心双重享受，审美主体、客体、环境的自然和谐正是森林审美所独有的感受。

案例

张家界国家森林公园美学特征赏析

在湖南西北部，有着举世闻名的世界遗产武陵源风景区的核心、中国第一个国家级森林公园、世界地质公园——张家界国家森林公园。大自然鬼斧神工与精雕细琢，将这里变成今天这般神姿仙态。它是我国独特的砂岩峰林地貌景观，景色奇丽壮观，几千年的时间里形成了峰林、峰柱、方山、石林、峡谷、幽谷等奇特的砂岩峰林，集神、奇、秀、野等特色于一体，集桂林之秀、黄山之奇、华山之险、泰山之雄于一体，汇峰、谷、壑、林、水一色。峭壁万仞，千姿百态，世所罕见，有“缩小的仙境，扩大的盆景”之美誉。除了迷人的自然景观，该地区还有着异常丰富的动植物资源，因庇护着大量濒临灭绝的动植物物种而引人注目。

一、张家界国家森林公园美学概况

张家界国家森林公园是我国第一个国家森林公园，1982 年设立。公园总面积 4810 公顷，森林覆盖率 98%。它美不胜收，美在神秘，美在天然。与山水自然风光相映成趣的，是纯朴的人文风光和淳厚的民风。土家族、白族、苗族等少数民族聚居于此，在青山绿水间，房屋点点，炊烟袅袅，民歌载道。这里的人们与大山密林浑然一体构成一幅原始苍茫的美丽画卷。这里的风景没有经过任何的人工雕琢，到处是石柱石峰、断崖绝壁、古树名木、云气烟雾、流泉飞瀑、珍禽异兽。置身其间，犹如到了一个原始的世界和伟大的美术走廊。纵然它没有重要的历史事件发生，没有历史悠久的有重大意义的建筑物，没有圣贤名人题留的碑雕石刻，但却给人带来惊奇与新鲜，他那原始美，天然一体。它本身的完美就决定了无需人工粉饰雕琢，淡抹浓妆，它自己的几千年默默生长的艰辛就是它的骄傲，它具有原始野性的本色是世上任何地方都无可比拟的。正是它那独特的风格、卓绝的风范、美学特征和科学价值，一举成为人类的科研宝地，审美天堂。

二、地貌景观之美

在亿万年之前，张家界国家森林公园还是一片波涛翻滚的海洋。石英砂岩沉积于海岸地带，经过流水的长期侵蚀和复杂的地壳运动，形成这一地区最奇特的砂岩峰林地貌景观。石英岩层垂直节理发育，显示等距性特点，间距一般15~20余米，为塑造千姿百态的峰林地貌形态和幽深峡谷提供了条件。基于上述因素，加之在区域新构造运动的间歇抬升、倾斜，流水侵蚀切割、重力作用、物理风化作用、生物化学等多种外力作用下，山体按照复杂的自然演化过程形成峰林，显示出高峻、顶平、壁陡等特点。石英砂岩不只这里有，但这里的石英砂岩峰林却为国内外罕见，具有不可比拟、不可替代、不可分割等特点，堪称大自然中最为杰出的作品，以多、美、野著称。其奇峰3000多座，千米以上峰柱200多座，峰峦如林，气势壮观，构成蔚为壮观的奇观胜景，这在世界峰林“家族”中是独一无二的。它们似人似物，神形兼备，或粗犷，或细密，或奇绝，或诡秘，浑朴中略带狂狷，威猛中又带妖媚，危岩绝壁，雍容大气，造型奇特，高低参差，风格各异，形象逼真以金鞭岩、神鹰护鞭、五指峰最为代表。如金鞭岩，三面如刀劈斧削一

张家界森林公园地貌
（来源：张家界旅游景点网）

张家界森林水文景观
（来源：张家界旅游景点网）

般，棱角分明，金黄微赤的岩身，拔地突起，直入霄汉，垂直高度达300余米，在阳光照射下，“鞭”体光彩熠熠，气势咄咄逼人。在“金鞭”对面，有一座“醉罗汉”峰，由西向东倾斜约10°，站在峰下仰望，顿觉风动云移，“罗汉”摇晃，大有危楼欲摧之感。像这样“野”性十足，不拘一格的奇峰怪石，公园里不胜枚举。它们或险峻高大，或俊秀清丽，阳刚之气与阴柔之姿并存，从整体气势上来品评符合“清、丑、顽、拙”的品石美学法则，堪称一绝；它们具有奔放不羁的野性美，形态变化多端，各显其妙。登高看这里的石峰林立、山峦绵延的奇观，使人感到眼界阔大，心胸宽广，倍感人生美满、幸福，更加激励奋发信念。

三、水文景观之美

在峰林峡谷之间，还有着像金鞭溪这样的数条小溪，且久旱不断流，景色宜人，幽深奇秀，美不胜收。走在小溪旁的林荫小道上，穿行在峰峦幽谷云间，幽静异常，溪水明净如镜，跌宕多姿，小鱼游弋其中，溪畔花草鲜美，青苔染壁，古藤悬挂，清溪哗哗，鸟鸣莺啼，人沿清溪行，胜似画中游，使人产生宁静淡泊的雅趣。被称为“山水画廊”、“人间仙境”。因此有诗赞道：“清清流水青青山，山如画屏人如仙，仙人若在画中走，一步一望一重天。”

四、植被景观之美

张家界国家森林公园森林茂盛，世界上五大名科植物：菊科、兰科、豆科、蔷薇科、禾本科在这里都有。就树木种类来说，有93科157种，比整个欧洲还多一倍；而且，多稀有珍贵树种，如珙桐、鹅掌楸、杜仲、银杏等。园内花卉也十分美丽、独特，这里有一天能变五种颜色的五色花以及这里独有的龙虾花等。

张家界植被景观
（来源：张家界旅游景点网）

张家界云雾景观
（来源：张家界旅游景点网）

五、气候景观之美

张家界国家森林公园也以气候万千、多姿多彩的气候景观著称，特别是云雾。云雾是公园里最多见的气象奇观，有云雾、云海、云涛、云瀑和云彩五种形态。雨后初霁，先是缥缈大雾，继而化为白云沉浮，群峰在无边无际的云海中时隐时现，如蓬莱仙岛，玉宇琼楼，置身其间，飘飘欲仙，有时云海涨过峰顶，然后以铺天盖地之势，飞滚直泻，化为云瀑，蔚为壮观。由峰林形成的峰海和由松林形成的林海，飘浮在烟云形成的云海里，形成动中有静，静中有动，动静结合的美丽画面。还有就是，黄石寨的雪景更好看，冬日雪后，站在黄石寨顶上俯瞰，那层层山峦座座石峰又是银装素裹、冰帘垂挂，其玉叶琼枝玲珑剔透，简直让人叫绝。

六、人性之美

说到美，还应该提到本地居民的淳朴热情善良的心灵美。心灵美是一切美的核心，也就是善。亚里士多德曾说，“美是一种善，其所以引起快感正是因为它是善”。就善而言，它是这里社会生活中人与人、人与社会的行为的道德规范。他们的淳朴、真诚、善良和热情本身就是这里的一种美，一种精神之美、人性之美、社会之美。

张家界国家森林公园丰富多彩的景观相得益彰，形成了整合的独特美，也和人文风情相互衬托，交相辉映，构成虚实相济、含蓄自由的人文山水佳境，具有独特的审美情趣与美学价值。而且，这里的景观绚烂多彩，种类齐全。因群山之峥嵘、峰林之奇特、峡谷之幽深、生态之齐全、烟云之幻变、水景之细腻、空气之清新、气候之宜人、环境之幽雅等自然特色，被誉为“科学的世界，艺术的世界，童话的世界，神秘的世界”，以此完美享誉全世界。

张家界国家森林公园既有雄奇、幽峭、劲捷、崇高、浑厚的阳刚之美，又有清远、飘逸、冲淡、瑰丽、隽永的阴柔之美。阳与阴、山与水，峰与雾，峰与松，无不体现出既对立又统一的形式美。这里的一切一切，峰、石、溪、泉、峡以及树木花草等自然景物的形态结构方式，无不符合美的法则，因而能够赋予人的气质、情感和理想，使人心旷神怡，形成美好的意境。

综上所述，可以将张家界国家森林公园的美学特征概括为：宏观美与微观美相得益彰；清晰美与模糊美相互协调；自然景观美与人文景观美相互融合。若用几个精辟的字来描述的话，可以概括为奇、奥、秀、幽、野。它俨然是一幅由茂密森林、多姿溪涧、变幻烟云和淳朴的田园风光所构成的浑然一体的立体长轴画卷，堪称美学价值无限的人类遗产。

第二章 园林文化

园林，是一个空间，人类为自己营造的一个精致的空间，在时间流里，不断地向里面添加文明的因子，成为一个有形的物质的园和无形的精神的场。中国园林里写满了中国人有形与无形的心灵密码，凝聚提纯成中国艺术、中国文化的结晶。中国园林以它悠久的历史、精湛的技艺、妙极自然的构架、意味深长的文化底蕴，向世界无声地诉说着中国人的生存境界、思维方式和审美趣味。

第一节
园林文化的构成

园林，是通过筑山理水、建筑营构、植物配置而形成的空间境域，它可行、可望、可游、可居。植根于华夏文化沃土之上的中国园林，已走过三千多年的历史，是集建筑、书画、雕塑等多种文化于一体的立体艺术，其本身就是一种文化。中国园林所追求的得景随形的自然式造园风格和诗情画意的构园意境，使其在世界造园艺术中独树一帜，成为与西亚、欧洲并列的世界三大园林体系之一。

一、中国园林的构成要素

（一）山——园林的骨骼

山在园林建筑中的用途主要有三个方面，一是能分割空间，形成不同的景区；二是形成园林的制高点，可登高远眺；三是因山是游人审美的对象，能给人带来美的联想。其种类包括土山和石山，其中，较典型为假山叠石。假山叠石按位置分为庭山、壁山、楼山和池山等类型。石料有湖石、黄石、房山石、青石、英德石、黄蜡石等。湖石，如太湖石，其外表凸凹不平，内部多有孔洞，玲珑剔透。鉴赏湖石主要从以下五个方面：

瘦：石头的形态要消瘦，玉树临风。

透：石头的纹理纵横，孔道通透。

漏：石头上有穴，四面玲珑。

皱：石头的表面要多褶皱，具有真山的沧桑。

丑：独特。

湖石假山最具代表的是苏州环秀山庄。由清代常州叠石专家戈裕良设计建造。逼真地模拟自然山水，将峡谷、岩洞、曲蹬、飞梁、危峰、峭壁等巧妙组合。山势的起伏、岩石的脉理浑如天成。山峰有主有从，层次分明，细部则叠有无数窝洞皱纹，极其自然。假山虽不足半亩，却辟有60余米的山径，盘旋起伏，山重水复，移步换景，变化无穷。陈从周评价："造园者不见此山，如同做诗者不见李杜。"

黄石具有厚重、笨拙，雄厚、质朴的特点。具有代表性的运用如上海豫园。用的是浙江武康的黄石，主峰高达12米，正如明代叠山名手张南阳的杰作中描述的"转千钧于千仞，如片羽于尺布"。

（二）水——园林的血液

水象征活力、生命力和灵气。水的不同姿态具有不同的美学效果，潺潺流水象征活泼、清新；停滞的水象征平静、柔和，似温柔的少女；飞溅的水象征潇洒、洒脱，不拘一格；而隐匿在林间的水则意味着神秘、幽静，天外之泉。

山与水组合产生静与动、刚与柔、实与虚的美感。山得水而媚，水得山而活。正如诗人白居易的《春题湖上》："湖上春来似画图，乱峰围绕水平铺。松排山面千重翠，月点波心一颗珠。"这首诗写西湖春景，全诗围绕一个"春"字和一个"湖"字，展开景境。从大体布局上看，西湖之美，在于有山有水，山峦起伏，环湖而绕，且非整齐排列，高低错落，水面平铺，澄澈清碧，湖光山色，相映成趣，宛然一幅优美的泼墨山水图画。再如瘦西湖，总面积103.7公顷，水面面积49.9公顷，景点大多依湖而建，著名的有西园曲水、小金山、五亭桥、二十四桥，历来为文人墨客所歌咏。袁牧赞道："水则洋洋然回渊九折矣。"还有拙政园水面占全园面积的3/5。

（三）建筑——园林的眼睛

园林中的建筑主要供宴饮、吟诗作画、娱乐、赏景、休息等用。其种类包括宫殿、楼、阁、厅、堂、亭、廊、榭、舫、桥。

宫殿：只存在于帝王苑囿之中，仿造宫廷中的宫殿营造，供帝王处理朝政、起居之用。

楼：多为两层单檐，朝向园区的一面开有长窗，两侧为封闭的山墙。楼大多建于厅堂之后，或依山傍水，一般用作卧室、书房，或用作观赏风景的观景点。避暑山庄烟雨楼位于澄湖的青莲岛上，每当山雨来时，雨打湖面，烟雾迷蒙，仿若人间仙境。

阁：近似于楼而更精巧，多为两层，四面开窗，造型轻巧，用以储物、藏书、供佛或登高观景之用。

湖心亭（狮子林）
（来源：《中国古典园林象征文化》）

厅和堂：常为园林中的主体建筑，多位于园中重要地段上。厅用于会客宴请、观赏花木或堂会演唱，要求能容纳众多的宾客，所以形体较大，空间较为宽敞。堂是园主一家之长的居住处，也用作家庭庆典的场所，空间稍小于厅，室内常用槅扇、博古架进行分割。

亭：其功能是供人休憩，观赏园林景致。形态各异的亭有圆亭、方亭、六角亭、八角亭、扇形、梅花形。制高点上的亭能登高远望、俯瞰全园。树丛中的亭则若隐若现，增加神秘感。湖中心的亭给人虚无缥缈，如入仙境的感觉。

廊：无声的导游线，将位置不同的景点自然地连接起来，形成一种巧妙的过渡，还能增加风景的深度和层次感，增加空间的对比变化。廊的种类有直廊、曲廊、复廊、爬山廊、双层廊、万字廊、花廊、游廊等。在中国古典园林中，颐和园的长廊最著名，全长728米，自东向西，将前山的景点串联起来。廊中建有留佳、寄澜、秋水、涛遥四亭，分别象征着春夏秋冬四季。曲廊的形态婀娜多姿，“随形而弯，依势而曲，

曲廊（留园）
（来源：《中国古典园林象征文化》）

复廊（沧浪亭）
（来源：《中国古典园林象征文化》）

石舫（颐和园）（李跃进 摄）

或蟠山腰，或穷水际，通花渡壑，蜿蜒无尽。”游者走在其中，步移景变，尽得无穷的美感。复廊是在长廊中间修花墙，将廊分隔成内外两部分。复廊中间的隔墙上设有漏窗，内外景色隔而不断。

榭和舫：因水而生的建筑物。榭建于水边，也称水榭。跨水部分由水中的石柱支撑，上面架上木板，周围设有栏杆。伫立水边，凭栏远眺，更增加了空灵之美。舫即旱船，模仿船形建在水边的建筑物。

桥：园林中构景连景建筑，它方便游客跨越园中水体，又可连接风景点，点缀景观，增加园林的自然情趣。桥的种类有平桥、曲桥和拱桥。平桥造型简单、质朴，有山林野趣之美。曲桥蜿蜒曲折，造型优美，便于游览水景，延长游客观景时间。如上海豫园和杭州西湖的九曲桥。拱桥有单拱、多拱之分，倒影映在水中，形成玉带般的特殊景色。如颐和园十七孔桥，远望拱洞犹如天边的门、空中的彩带，近观恰似少女美丽的珠链，映在水中，随风摇曳，天然入画。

鱼乐榭（豫园）
（来源：《中国古典园林象征文化》）

颐和园十七孔桥（李跃进　摄）

垂柳荷莲景观（拙政园）（来源：《中国古典园林象征文化》）

（四）花草树木——园林的毛发

花草树木被喻为园林的毛发。围合空间，反映时间，点缀山池，修饰建筑，组织道路，对比尺度，陪衬主景，丰富层次。花草树木的自然属性更能给人以某种象征意义和精神寄托，如松柏的苍劲、梅花的高洁、翠竹的洒脱、杨柳的依恋、牡丹的高贵等。园林中的花木栽植要与其他要素协调，才能淡化人工造景的痕迹，使园林显现出自然情趣。

我国有一些园林的魅力就来自独特的花卉。比如宋代洛阳的园林，就以花卉名闻天下，有牡丹园、芍药园等。拙政园巧妙地布置花草树木，它们与山水建筑相得益彰，描绘了一幅境界悠远令人遐思的美丽画面。在园中核心景点远香堂东面有绣绮亭，亭子东面土山上广植牡丹、芍药，景色秀美如画。土山南面是“枇杷园”，名字来源于“摘尽枇杷一树金”，每逢夏季，硕果累累，挂满枝头。枇杷园东面是“海棠春坞”，院内满是海棠花；西南面为“玲珑馆”，里面种植竹子。与馆旁边“嘉实亭”并排的是“听雨轩”，这里种植了很多竹子、荷花与芭蕉。这正应了李商隐的名句“留得残荷听雨声”、“听雨入秋竹”、“雨打芭蕉淅沥沥”。

（五）楹联题额

楹联题额具有点景之功能，有助于游客加深对园林主人造园时心理状态的理解和体悟。其中四字居多，如代表西湖十景的有：苏堤春晓、平湖秋月、花港观鱼、柳浪闻莺、双峰插云、三潭印月、雷峰夕照、南屏晚钟、曲院风荷。五个字的有拙政园：荷风四面亭、与谁同坐轩；网狮园：月到风来亭。相比之下，由于字数较多，园林建筑中的楹联更能体现景点的风貌和意境。

南京瞻园建于明代，号称“金陵第一园”，曾经是太平天国东王杨秀清的住所，现在是太平天国历史博物馆。它的楹联：“大江东去浪淘尽千古英雄，问楼外青山山外白云何处是唐宫汉阙？”“小苑春回莺唤起一亭佳丽，看池边绿树树边红雨此间有舜日尧天”，表现了男子汉大丈夫应该以国事为重，建功立业的爱国精神，同时也表明无情未必真英雄，享受游园的自然之乐也是大丈夫该做的事。这些楹联题额无不体现园林主人超凡的艺术造诣以及高洁的品格理想，引得游人赞叹不止，流连忘返。

二、中国园林美的表现形式

中国园林美，美在“道法自然”。德国古典主义哲学家黑格尔曾把园林比作“第二自然”，人们为了满足在方寸之间登山临水、游目骋怀的精神需求，通过模山范水，将真实自然中的名山大川、形胜之地缩摹于一方壶天境地中，即成就了园林最初的面貌，进而奠定了中国自然式山水园林的基本风格。这种“虽由人作、宛自天开”的造园思想基于老庄自然而然、天人合一的哲学观，体现了中国人崇尚自然的美学观，并影响后世乃至当今的造园倾向。皇家园林法天象地，“移天缩地在君怀”；私家园林则以小见大，于有限中创无限，追求“一勺则江湖万里，一峰则太华千寻”的庭院深远之境，从而达到妙极自然的艺术境界。

中国园林美，美在“虚实相生”。园景空间布局讲究开合对比，阴阳和谐，动静相宜。入口处堆叠假山、景石，形成障景，以实现欲扬先抑、豁然开朗的空间效果；花窗、洞门等建筑要素的合理运用，能使得园景隔而不断，完成空间序列的有机过渡，或将精心营建的一隅之景纳入框中，以体现入画之妙，或借园林的四方之景，以扩大景深；山水相依的空间格局，则能上观实景，一观水影，树影婆娑，山影缥缈，园林实景与山中虚景相映成趣，光景灵动。

中国园林美，美在“诗情画意”。山贵有脉，水贵有源，山水是中国园林的基本骨架。中国园林在长期的发展中形成了“以园入画，因园成景”的造园传统，园林中的掇山理水皆遵循画理，符合画本，讲究主从分明，步移景异，注重中、近、远景的整体处理，以产生平远、深远、高远的不同游园体验。园景不仅具有形式美，而且富有神韵，从山水画中沿用而来的写意手法造就了中国园林简远、疏朗的构景特征，结合各种诗文景题，使得园林意境生动，以其特有的风姿神韵向世人展示一幅幅或台榭金碧、或清秀明洁的山水画卷。

中国园林美，美在“巧宜精雅”。“南方欲就厅台，低凹可开池沼”，建筑选址均讲究因地制宜、得景随行，依乎山水之形，就乎山水之势，掩于繁茂草木之中，与自然相互融糅。园林建筑类型多样，亭台楼阁、厅轩廊榭、门窗桥舫等都应适得其所，尺度适宜，且造型精美、风格典雅，与周围环境相互渗透，于人工中创自然。

中国园林美，美在“草木繁茂”。园林中的一花一木，均被赋予了独特的人格品性——松坚贞不屈，梅傲霜斗雪，竹高风亮节，菊活泼多姿，柳柔丝千缕，兰清丽脱俗，荷馨香高洁，这是儒家比德思想的产物。园主的精神趣旨，则会在草木品种的选择和营构中一一尽显。植物配置也凭诗格取裁，随画意铺点，并重姿态。窗外花树一角，则折枝尺幅；山间古树三五，幽篁一丛，乃模拟枯树竹石图。植物不仅能有效地融汇自然与建筑空间，而且能够烘托出特有的园景主题和意境，从而实现园林生境、画境、意境的三者统一，体现“园以景胜”、“景因园异”的园林意趣。

中国园林美，美在“文人情怀”。园林是文人修身养性的乐土和安顿心灵的家园。文人雅士们在园中风雅聚会，诗酒唱和，一山一水、一石一木，均成

中国古典园林代表——苏州园林建筑艺术（来源：昵图网）

为他们寄托情志、抒发愁绪的物质载体，这也成就了中国园林独具的人文特征。园中的各处诗词景题，均是文人们“神与物游，思与境谐”的产物，不仅是中国传统文化的珍贵遗产，同时也赋予了中国园林更多的内涵性和故事性，使其更具可游、可赏性。

中国园林从苑、囿、台的雏形一路走来，经过数千年传统文化的浸润、洗礼，成就了它本于自然高于自然的美学特征，承载了历代炎黄子孙对栖居的不懈追求。天地有大美而不言，中国园林就像是表达天地之美的语言符号，将这种追求赋予在亭台楼阁、小桥流水中，飞鸟游鱼、花香蝉鸣中，点景题词中，幻化为盎然的生活气息。正如宗白华等人都认为：“艺术有一种最根本、最原始的宇宙深处的来源。”中国园林就是这样一种“美术”，它融糅了中国道、儒、释的哲学观，山水画、山水诗的艺术观，以及关于安居、祈愿的风水观，是中国式审美意识最生动的载体。

回望中国古典园林，王侯将相谈古今兴衰，文人骚客赋仕隐情怀，老庄佛禅参天地化育，似乎能在掩映的林木中窥见中国人的独特心灵和璀璨文化。

第二节
中国园林文化的特点

中国园林文化一向都是崇尚自然、崇尚城市建筑中的园林文化的。中国的园林文化深受传统儒家、道家和佛家思想的影响，可以说，中国的园林设计有着文化上的色彩和思想上的意义。中国园林是自然式山水园林，园林的设计中体现着崇尚自然的原则。中国园林的文化中，水、亭、景的相互映衬虽然是人工之作，但是讲究“清水出芙蓉，天然去雕饰”，讲究“巧夺天工”。这种在精致的园林之上追求的自然，有着深刻的道家思想上的含义。而道家的崇尚静的思想，也反映在我国古代园林文化之中。

我国古典园林多以静态的水面作为园林布局中心，以形成质朴淡雅、含蓄深沉的园林氛围；而西方规则式园林以“动”水为美，注重水法的千奇百态，多以喷涌、流动的水体为构园重心，以形成热闹、活泼的园林环境。而又由于佛家思想的影响，中国的园林在讲究自然和天人合一的基础上，还比较讲究意境。意境一直以来都是一个比较诗意并且讲究诗意之外的意境的话题。中国园林讲究意境，不但讲究客观景观的自然美好，还要求这些客观的园林之境还可以与主人的心境和意识相互交融，完美地融合起来，以体现一种诗意的追求。可以说，中国的园林承载着中国人的文化，这些文化对于现代的中国人有着潜移默化的深刻作用。

中国园林（主要指中国古典园林）有别于世界其他园林。主要可概括为三大特点。

一、本于自然、高于自然

在道、儒、释三大中国传统思想流派中，道家思想对中国园林的影响最为深远。中国园林是自然山水式园林，其艺术风格形成于政治最混乱、思想最活跃的魏晋南北朝时期。该时期权威信仰动摇，儒家经学逐渐解体，“道法自然”、“无为而治”的道家哲学思想深入人心，文人往往通过诗画创作、隐逸山水以达到寄情抒怀的目的。道家主张的崇尚自然、逍遥虚静、无为顺应、朴质贵清、淡泊自由、浪漫飘逸等哲学原则直接影响了中国古典园林的美学观和设计手法，因而使中国园林在最初就走了一条与崇尚理性的西方园林完全不同的道路。

在道教传说中，东海有蓬莱、方丈、瀛洲三座仙山，“此三神山者，其传在渤海中，去人不远；患且至，则船风引而去。盖尝有至者，诸仙人及不死之药皆在焉。其物禽兽皆白，而黄金银为宫阙。”中国帝王宫苑的意识形态是有神论的，封建帝王都梦想通过长生来获得王朝的永久统治，三神山就是历代权贵寻觅的理想乐园之一。历史上首位完成中国大统一的帝王——秦始皇就十分迷信神仙方术，曾数次派方士赴传说中的东海三仙山求取长生不老之药，但都没有成功，于是只能退而求其次，在自己的兰池宫中挖池筑山模仿仙境，以满足其接近神仙和渴求长生的强烈愿望。秦始皇模拟仙境的造园活动赋予了园林独特的浪漫主义情怀和意境联想。汉武帝继承并发扬了这一传统，在上林苑的建章宫中建太液池，湖中筑三岛，象征传说中的蓬莱、方丈、瀛洲三神山，对道教神学所描述的超脱世俗的虚幻世界进行模仿再现。建章宫因而成为史上第一座以“一池三山”自然仙境为造园题材的园林。此后，“一池三山”成为中国传统园林的经典布局模式，南朝宋文帝时期的真武湖、唐代大明宫后苑中的太液池、圆明园的福海和蓬岛瑶台、北海琼华岛等，都是这一思想指导下的产物。

神仙思想实质上是原始的神灵、山岳崇拜与道家的老、庄学说融糅混杂的产物。其中，昆仑山、蓬莱、壶天是中国人心中的三大神域模式，这些神域不仅是道家追求的理想圣地，也是中国传统园林早期模仿的对象。将仙境和神域自然化并作为创园蓝本，是“天人合一”哲学思想在中国古典园林中的最初表现形式。

老子说：“道常无为”。“无为”是“道”的核心思想，要求人们顺应万物的本性及其内在规律，并认为自然—人类—社会同源同构，万物都遵循着“人法地，地法天，天法道，道法自然”建立了道与自然的联系，暗示了整个宇宙的运行法则。这种自然美学观反映在造园上，即一切取法自然，师法自然，追求“虽由人作，宛自天开”的造园意境。

中国园林发展到后来，对仙境神域的模拟逐渐发展到对现实山水的仿写，以山水为园林的基本构架，“源于自然，高于自然”，成为中国古代造园的基本指导原则。园林之美，贵在自然，自然者存真。在这种尊天抑人思想的影响下，中国传统园林开始推崇大巧若拙、不事雕琢的天然美，表现在具体的造园过程中，即园林选址和布局注重从大环境中借景，充分尊重和利用基址条件提炼自然美景，景物的布局安排尽量遵循因地制宜的原则，“宜亭斯亭”、“宜榭斯榭”、“高方欲就厅台，低凹可开池沼”，不刻意追求中轴对称的布局形态，“景到随机”、“得景随形”，将人工美和自然美相互融糅，造就出“天人合一”的园林景观。

颐和园是以昆明湖、万寿山“北山南水”的格局为全园骨架的大型天然山水园。该园以杭州西湖为规划蓝本，借鉴江南园林的造园手法和意境，以其独具一格的江南情怀，在北方大气硬朗的建筑群落中，显得分外柔美而独特。昆明湖的水域划分，万寿山与昆明湖的格局关系，西堤在湖中的走向以及周边环境的营造处理，都与杭州西湖有着异曲同工之妙。颐和园的这种借各地山川名胜来模拟造园的手法发挥得淋漓尽致：昆明湖西北水域与扬州瘦西湖之间、藻鉴堂的建筑布局与圆明园的“方壶胜境”之间、谐趣园的山水格局与无锡寄畅园之间、后湖的苏州街与江南水乡街肆之间……都有一种“似与不似”的关系。此外。颐和园也充分利用了借园外之景的造景手法，充分利用地貌景观的外向性和开阔度，将园外数十里的西山群峰和玉峰塔，都纳入园中，扩大了景深，使园外之景与园内之景浑然一体，形成了颇有画面感的近、中、远景，宛如一幅立体山水画卷，在有限的园林空间内创造出山外有山、景外有景的无限意境。

江南私家园林用地有限，更是将“师法自然”、“是其所是”的造园准则渗透到园景布局的方方面面，借景手法的应用也更为普遍。被列为中国四大名园之首的拙政园，其营造就牢牢遵循了“因地制宜”的原则，成为生态造园的典范。据《王氏拙政园记》和《归园田居记》记载，拙政园园地“居多隙地，有积水亘其中，稍加浚治，环以林木”，“地可池则池之，取土于池，积而成高，可山则山之。池之上，山之间可屋则屋之”，反映出拙政园依据

颐和园（来源：百度搜图）

苏州沧浪亭（来源：百度搜图）

原有地形多积水的特点，汇水为池，形成湖、池、涧等类型丰富、各有千秋的特色景观。

苏州沧浪亭的掇山理水则充分遵循自然之形态，全园景色简洁古朴，素雅大方。山有宾主朝揖之势，水有迂回萦绕之情，各种云峰石迹，妙和自然，亭廊建筑也是按照山水地形骨架而进行点染，充分遵循了“树无行次、石无定位”的自然布局模式，山水相宜，表现得法，不以工巧取胜，而以自然为美。此外，该园的最大特色在于“景非借而不美”，沧浪亭上的撰联“清风明月本无价，近水远山皆有情”，恰好道出其中情趣。在沧浪亭的主景山与园外护城河河水之间，隔着一条蜿蜒曲折的复廊，墙上开有漏窗，将园内之景和园外之景通过复廊互相引借，使山、水、建筑有机相融，虚实相生，相映成趣。这种将园林景物完美地与城市有机融合的造景手法，弱化了园林的边界，营造出“人道我居城市里，我疑身在万山中”的多层次景观意境。

“天人合一”哲学观的第二个层面在于“与天地参”，即人性与天道二为一，追求自然无为，实现主客观的和谐平衡，在艺术中则表现为“神与物游，思与境谐”的审美意识。东晋陶渊明《桃花源记》中描述的世外桃源所蕴含的道家隐逸思想和自然审美情趣对后世园林意境的营造影响甚广。文人造园家力求摆脱传统礼教的束缚，主张返璞归真，寄情山水。

以无为、出世为特点的道家哲学对园林美学观和布局设计思想具有十分深远的影响，中国传统园林从最初萌芽时期的囿、苑，至魏晋南北朝的自然山水园林、唐宋时期的文人园林，直至明清的写意园林，“崇尚自然，师法自然”一直是其所遵循的原则。在道家思想影响下所形成的中国园林中，独特的“天人合一”哲学观，本于自然，高于自然，将自然美、建筑美、诗画美有机统一，实现万物和谐的境界。

二、建筑美与自然美的融糅

在中国古典园林中，山水风景是主体，园林建筑是从属。不论数量多少，也不论功能如何，都力求与山水融糅，并强调建筑序列自身的主从关系。不同类型的园林，存在着性质、大小、环境条件等差异，园林建筑的布局也呈现出不同的特点。

皇家园林有大内御苑、行宫御苑和离宫御苑之分。大内御苑建在京城里面，与皇宫相毗连；行宫御苑和离宫御苑则大多建在郊外风景优美的地方，与行宫与离宫相结合。所以，皇家园林一般分为宫和苑两部分。宫的建筑布局严格规整，中轴对称，正殿居中，配殿分居两侧。苑部分即为园部分，一般空间广阔，园林建筑布局呈现出“大分散、小集中”的形式，一方面，园林建筑因形就势地散布于各个景点；另一方面，结合自然地形的变化在全园高地集中布置建筑群，特别是通过在山顶设置高塔或楼阁，形成全园制高点，从而起到统摄全园的作用。试想，若北京颐和园没有佛香阁，北海公园没有白塔，那么，全园景点就会因为没有主体控制而流于松散。

皇家园林
（来源：百度搜图）

私家园林大多地无自然山水，造园家通过挖湖堆山来模仿自然山水。较于自然山水，私家宅园犹如芥子之于须弥。如何在小空间中体现大自然的神韵，实现大小转换？古代造园家利用各种手法，达到了“以小见大”的空间效果。私家园林的中心一般都是空间开阔，主要厅堂建筑常设于此；而在边界上则是各种小空间。通过浏览路线的精心布置，游人由小空间逐渐过渡到大空间，以欲扬先抑和大小对比的手法，实现大空间愈加显大的效果。私家园林中建筑宜人的尺度以及漏窗、洞门等虚实空间的交替转换，能给人造成距离感和空间感的错觉。园内空间有限，而人的视线可极目所至，因而催生了借景这种造景手法，包括“远借，邻借，仰借，俯借，应时而借”。读书有“凿壁偷光”，造园有“开窗借景”。此窗可以是墙上的漏窗，隔而不断，将窗外景色借入窗内；也可以是自然之窗，将天光月影、闲云飞鸟、风霜雨雪等纳入园中；还可以是心灵之窗，亭台楼阁，树影花容，通过造园家的精心布置，让人触景生情，思绪纷飞，穿透园墙，穿越古今。

私家园林边界明显，生硬呆板。如何虚化边界，寻求自然生动之趣？古代造园家以建筑布局和花木置石来打破生硬边界，化实为虚。于石墙下置以山石花木，半遮半掩，打破规则边界，实墙转化为山石花木的背景，形成“粉墙为纸，树石为绘”的景致；在贴近外墙处设置曲廊，曲廊与墙之间植以花木和布置山石，从远处看过来，墙与廊仿佛融为一体，廊檐下的虚空间弱化了墙体的实在感，而走在曲廊中，曲折变幻，也全然不觉实墙的生硬和压抑感；另外，墙角、角隅处也有相应处理，或配以花木山石，弱化墙角生硬之感，或叠石建亭，亭顶掩去墙垣，把人们的视线引向远处的天空。

说到寺观，我们总会联想到如此画面：在深山静林、闲云散雾处，有琼楼玉宇置于其间，时而传来悠悠钟声，时而传来空空梵音，时而有野鹤驾雾而走，

清代私家园林
（来源：百度搜图）

时而有大雁结群而飞。视线往下，万千云梯盘山而行。行走其间，天光云影，忽隐忽现，鸟鸣山涧不见其影，泉水叮咚只闻其声……“山不在高，有仙则名”说的就是仙灵赋予山神气，而不在其高低。招引仙灵，需造仙灵之所，仙灵之所即寺观建筑，所以，山林是寺观园林的最佳选址。我国许多名山大川都是宗教圣地，如佛教四大名山——山西五台山、浙江普陀山、四川峨眉山、安徽九华山，再如道教名山——四川青城山、湖北武当山。

《园治》有云：“园地惟山林最胜，有高有凹，有曲有深，有峻而悬，有平而坦，自成天然之趣，不烦人事之工。”山林自有自然之趣，寺观建筑只需依山就势，便得自然天成。就势而筑，与自然融为一体是其基本准则，当然也是其他类型的园林建筑布局的准则之一,除此之外,寺观建筑还有其自身的特点。

寺观中最重要的建筑自然是进行宗教活动的殿堂，如三清殿、老君堂、天王殿、大雄宝殿等，这些建筑往往沿中轴布置，层层递进；其他建筑如亭、廊、僧侣居所等，则随地形灵活设置，散落于主体建筑周围。

寺观是圣洁灵地，是神仙居所。为突出寺观圣灵的特点，寺观园林很重视朝圣者由“尘世”入“仙界”路线中的心理感受和环境气氛的营造。首先表现在登山阶梯上，朝圣者一步步地拾级而上，一走一停，犹如“三步一叩、九步一拜”；其次表现在寺观内，庙宇建筑在高台之上，朝圣者需登级而上，在心理上完成一个从“俗”入“圣”的过渡。

中国古典园林崇尚自然山水，强调师法自然，追求“源于自然而高于自然”的境界。园林建筑布局服从总体山水格局，隐于山形水势中，达到人工与自然高度和谐的境界。

三、诗画的情趣

山水诗起源于魏晋，谢灵运为第一人，他的诗秉承道法自然的精神，充满清新淡雅的韵味。谢灵运好游山水，曾为登山之自创一种上山去其前齿、下山则去其后齿的“谢会屐”。他的作品惯于描绘自己所到之处的优美景色，开创了中国诗歌中的山水诗流派。谢灵运年近四十时回乡隐居，在今上虞附近扩建改造了祖宅始宁庄园，创作骈赋名篇《山居赋》，描写了始宁庄园的建造情况。自此，山水诗文就与古典园林结下了不解之缘。

到了唐代，文人士大夫的“中隐”思想促成了文人园林的兴起，这种具有中庸色彩的论调普遍为世人所接受，隐逸生活不必再如魏晋时期一样要遁迹山林，也不必再归园田居，只要有“方宅十余亩，草屋八九间”即可寄情诗酒、忘尘脱俗。因此，文人雅士竞相兴造私园，把人生感悟倾注于园林，甚至亲自参与园林的规划设计，白居易曾感慨自身道“歌酒优游聊卒岁，园林潇洒可终身。”园林是文人寄托理想、感怀人生的重要方式，造园家的诗画造诣与园林意趣密不可分，许多杰出的文人同时也是优秀的造园家，创造出不少简远雅致的园林佳作，其中以白居易和他的庐山草堂最具代表性。《庐山草堂记》不仅是文学作品，也是一篇造园理论专著，记述了庐山草堂的选址、建筑、环境、景观以及作者自身的感受，是研究中国古典园林的重要史料。

白居易非常热爱园林，他曾在洛阳履道坊西北隅建造宅园，并屡屡为之赋诗作文，如《池上篇》《闲居自题》等，对它的喜爱可见一斑。此外，他还修建了长安新昌坊宅园、渭水别墅园，并主持对西湖进行了水利和风景综合治理，写下了大量的山水诗文。他还是第一个真正的文人造园家，第一次肯定了置石的美学意义，他的园林观平易近人、朴素恬适，与诗文风格如出一辙，主张顺乎自然之势、合乎自然之理，对两宋文人园林简远、疏朗、雅致、天然特色的形成具有重要启蒙意义。

两宋时诗文在园林中的地位更加深化，除了作为楹联匾额直接构成园林景色，诗文内容和行文技法也逐渐被运用到园林空间的组景方式中去。北宋大政治家、文学家司马光，就曾在自己的独乐园中以诗情入景，因园景赋诗。司马光字君实，七岁砸缸救友的故事广为世人所熟知，他历仕仁宗、英宗、神宗、哲宗四朝，死后追封温国公，谥文正。宋神宗熙宁年间，司马光强烈反对王安石变法，上疏请求外任，自此居洛阳十五年，不问政事。在这段悠游的岁月里，司马光为自己建造了别墅独乐园，并在园中主持编纂了规模空前的编年体史书《资治通鉴》。

至于行文技法一项，也与造园互通，写文章有“起、承、转、合”，园林也讲究空间序列的节奏与韵律。清代文人钱泳在《履园丛话》中道：“造园如作诗文，必使曲折有法，前后响应，最忌堆砌，最忌错杂，方称佳构。”例如“欲扬先抑”是古诗文常见的一种写作技巧，这种手法容易使读者在阅读过程中产生恍然大悟的感觉，留下比较深刻的印象。有“吴中第一名园”之誉的苏州留园，在进入中部的山水主景区之前就采用了“欲扬先抑”的空间处理手法。从园门至古木交柯之间的一段是曲折迂回、明暗相间的长廊，游人在较幽闭的长廊内迂回穿行，经过古木交柯一直到绿荫，视野才豁然开朗，与长廊空间形成强烈对比，凸显了山水主景的艺术效果。

“小中见大”则是指在写作中对形象进行强调、取舍、浓缩，以独到的想象抓住一点或一个局部加以集中描写或延伸放大，以更充分地表达主题思想。这种艺术处理给作者带来了很大的灵活性和无限的表现力，同时为接受者提供了广阔的想象空间，获得生动的情趣。“小中见大”早已广泛运用于造景实践，明代文人沈复第一次将这种理念在园林中的应用呈于纸面。他曾在园林营造中亲自实践“小中见大”的手法，比如于狭窄庭院中建造凹凸不平的墙体，在墙上缠满藤萝，然后再取大石块，凿成悬崖之形嵌入墙体，这样一推开窗子看过去就仿佛身处峻峭的石壁之下，意境深远。沈复与其妻陈芸情趣非凡，《浮生六记》中还记载了很多其他叠石、造景新法，皆为沈复夫妻自创，二人虽生活困顿、三餐难继，但却极富生活热情，为后人留下了宝贵的精神财富。

这三大特点是中国园林在世界上独树一帜的主要标志。它们的形成，一方面是政治、经济、文化等诸多因素的合力。另一方面，从根本上来说，与中国传统的天人合一的自然观以及重渐悟、重直觉感知、重综合推衍的思维方式有着更为直接的关系。而其中，推动园林兴盛、园林艺术普及和提高的，乃是一大批文人直接参与园林规划的结果。他们借鉴文学、绘画的表现形式，将自身的自然观和思维方式融入到造园艺术中，赋予园林以深刻的内涵。从一定程度上来说，他们是中国园林风格和特色形成的主体人物。中国园林自唐代出现了诗人和画家自成一派的“文人园林”以来，经过漫长的、不间断的发展，乃至现代园林景观的布局、构景，仍与文学、绘画紧密结合，蕴涵着被誉为“无声的诗”和“立体的画”的美学基础。“文人园林”的发展，从某种程度上来说，也是中国园林发展的一个重要组成部分和关键环节。

第三节 园林文化与产业

中国有“世界园林之母”的美称，有悠久的园林园艺历史。现代中国既继承传统园林的精致典雅，又接纳西方园林的自然野趣，从而向多元化、自然化方面发展。所谓多元化，即在保留皇家园林、仕人园林、宗教园林、名山风景区的同时，又发展现代各式公园，如岩石公园、植物园、动物园、世界公园、游乐园、森林自然保护区等。所谓自然化，即园林的审美理念和园林设计更趋接近自然，既从面积和规模上体现园林的雄伟大气，又从风格上少人工修饰和安排，至少能贴近自然的本来面貌，既自然的古老性、多样性和整体性。

现代社会在逐步走向商业化、市场化的同时，又逐渐走向自然，以此作为对心灵孤寂的补偿。园林、绿地、花坛到森林公园、森林自然保护区，人们正通过这些中介，回归自然和感受自然。因此，在本世纪，园林产业必然有一个很大的发展。园林产业不仅包括亭、台、殿、堂、馆等园林建筑，还包括配套的水电、道路、护栏、长廊等基础设施；包括树木、草坪、花坛、水面、假山、喷泉、雕塑、标志性建筑等公共艺术设计和施工。同时，随着森林进城，园林下乡，城乡一体，园林将深入寻常百姓人家。乡村、单位、厂矿、社区、庭院在内，都是园林产业的发展空间。园林产业必将随大地园林化目标的实现而日益充实和壮大。

一、园林产业的行业概况

园林产业不仅是对城市中原有的自然环境部分的合理维护与提高，通过人工重建生态系统的系列措施和模拟自然的园林设计手段，园林产业更是在城市这个人工环境中对自然环境的再创造，是对园林植被（花、草、树木）这种能够塑造自然空间的资源在城市人工环境中的合理再生、扩大积蓄和持续利用。包括园林环境景观设计、园林工程施工和园林养护等方面。园林产业是具有多种产业特性的综合性行业。园林产业中的园林树木、花卉和其他绿化植物的培育属于种植业，具有第一产业特点；园林绿化工程施工属于建筑业，具有第二产业特点；园林环境景观设计属于综合技术服务业中的工程设计业；园林绿化管理和养护活动则属于社会服务业中的园林绿化业，均具有第三产业的特点。

二、园林产业的功能和效益

园林产业是一个具有生态效益和社会效益，物质文明和精神文明双重效益的行业。在人与环境的关系中，人具有自然和社会的双重属性，与人这个主体相对应的环境也具有自然和社会的双重含义。园林产业作为一门具有优化环境功能和有丰富的文化、艺术内涵的科学和建设行业，可以在上述两个领域中同时为人类提供服务。

1. 园林产业的生态功能和效益

随着我国工业化和现代化进程加快，城镇化水平将不断提高，城市在国民经济和社会发展中的主导作用日益突出，越来越多的人口正转向城镇生活和工作，对城市生态环境的压力也将越来越大。园林产业是一个城市的“肺”，城市园林绿化建设对于改善城市和全国的生态环境，具有多方面的重要作用。例如，可以有效地防止风沙侵袭，吸附空气尘埃，涵养水源，隔离噪音污染，净化大气质量，调节城区气候，减少因建筑物密集而导致城市气温上升的“热岛效应”等。

现在我国的许多城市，既是生态环境恶化的受害者，又是破坏生态环境的污染源。搞好园林产业，有利于增强城市抵御外部生态灾害侵袭的能力、减少城市自身排放的污染和减轻或者避免对周边生态环境的危害。

2. 园林产业的社会功能和效益

园林产业是一项功在当代、利在千秋、造福于民的事业，在经济建设和社会发展中发挥着重要的作用。城市园林产业与城市自然景观和建筑相融合，为生活、居住、工作在期间的人们提供休憩、观赏和游玩的场所，具有很高的社会效益。人们的休闲活动随时间和内容的不同，由楼间绿地、城市公园、休闲度假区、风景名胜区这样一个由小到大，由近及远的园林体系承担。园林产业作为城市中唯一有生命的基础设施，是保持城市生态系统平衡、改善城市面貌、改善城市人居环境、提高广大市民生活质量、构建和谐社会、实现人与自然协调发展和城市可持续发展的主要载体之一，具有其他设施不可替代的功效。

三、园林产业的文化内涵及意境营造

园林作为中国传统文化的一个组成部分，同其他文化一样，辉煌灿烂，绚丽多姿，而且在世界上独树一帜，影响深远，饱含中国传统文化底蕴，尤其是园林中蕴藏之意境更是耐人寻味，让人流连忘返。运用中国古典园林所蕴含的哲学思想及审美情趣，探讨中国传统文化对园林艺术的影响，可以获得对其更深的认识，以期给现代设计师以启发和思考，从传统文化中汲取精华走一条中国特色的设计之路。古典园林既是我国文化的重要载体，又是我国文化的重要组成部分。从广义上讲文化是人类在社会历史实践过程中所创造的物质财富和精神财富的总和，因此园林文化可分为物态文化和心态文化两个层面。园林中建筑、山石、水体和植物等构成了园林物态文化的主体，而

中国古典园林（来源：百度搜图）

透过园林物态构成要素所反映的心理意识、思维模式、价值取向以及审美特征等原则是园林心态文化的具体内容。当代中国的景观设计作品很多在设计思想上显得苍白无力，没有文化内涵与意境，这一点在中国园林中又被诠释得淋漓尽致。深入研究中国古典园林的文化内涵与意境营造，必能为我国园林景观设计以指引。

中国古典园林中各造园要素的文化内涵和古典园林营造意境生成和营造的独特方法，结合现代园林的造园理论，得出了一些能指导当今园林景观建设中对于文化内涵和意境营造较为有效的结论和方法。

（1）在园林景观建设中应以生态学的观点指导设计施工，即营造一个合理的、协调的、稳定的园林环境。

（2）园林景观设计应表现出对原有自然环境和场地的尊重。

（3）古典园林中利用诗、词、匾、联和刻石等来点景，表现内涵，引导游人；现代园林则可以近代的诗词、散文帮助游人感悟和领会。

（4）在园林的空间处理上，采用引导、掩藏、曲折、暗示等手法来丰富园林空间，提升文化意境氛围。

（5）利用园林中有象征意义的植物和文化符号，进行园林配置和小品设置，以丰富和扩展园林的文化和意境。

（6）借助视觉以外的其他感官，如听觉、嗅觉、味觉；以及利用春夏秋冬时令，雨雪雾晴等气候变化，表现园林意境。

中国是一个文明古国，许多景观本身都具有其独特的内在文化，将这些文化在现代园林建设中予以利用，可以大大提高一个城市、一个区域的文化品位。

案例

福建三明林业学校园林工程艺术

森林校园文化是学校办学特色与深厚历史文化的积淀，校园中的每一处景点、一草一本，对于师生健康品格的塑造都起着潜移默化的作用。庭院式、自然山水式，是森林校园的特色，依山傍水，泉水叮咚，将大自然浓缩于庭院之中，“小空间，大园林”，形成精致的微缩景观。“不深不浅溪水，半砖半阁人家”，崖潭、置石、农家石厩、山涧竹水、海桐、棕竹等园林元素，与回廊、憩亭、形如石油之花的景观石、琴键单面宣传画廊和谐相处，浑然一体，构成了一幅优美的自然景观画卷，使我们在学习、工作之余领略自然美景，陶冶情操。福建三明林业学校校内的“园林之窗”、“盆景园”、“森林文化专廊”

将园林中的构成要素及文化内涵融为一体就是校园文化的设计表现。

一、园林之窗

"园林之窗"由土方工程、园林给排水工程、园林水景工程、园路工程、假山工程、园林植物栽植工程、园林小品工程、园林照明工程等组成。多以画为蓝本，采用"以小见大"、"园中有园"的造园手法，通过地形塑造，叠山理水、刻画小品，栽花种树，将水景、假山、置石、建筑小品、树木、花卉、园林铺地有机组合，营造"小而精"和"包罗万象"的意境，创造出具有诗情画意的景观，使之既有文化内涵，又不失自然野趣。

"园林之窗"将现代元素和传统元素结合起来，塑造富有传统韵味、具有西方特色风貌的园林景观。置身于古老的水井，木质的水轱辘，古老石磨盘，朴实的园林石灯，西式的迭水，圆形的水池，仿松树皮坐椅……。感受园林造型布局、色彩、线条、音响、光影，犹如在品诗，又如赏画，耐人寻味。

在"园林之窗"入口，富有开拓精神的"园林之窗"小品、精美园林铺路图案，仿生花卉种植池，简单而通透的园林景墙，对应着园中"磨石水景"，构成江南古典庭院，彰显浓浓的江南水景风情。让人感受到"小庭院"园林之美。

"园林之窗"是现代园林技术专业实训教学场所，也是精美园林的典范，小空间，大园林，把大自然的山山水水融为一体，突破时空限制，给人更多的艺术享受。

二、盆景园

盆景园于1998年建立，由序景、树桩盆景、室内花卉盆景和服务四个区组成。园口摆放铁树山石，盆景园内主要品种有榕树、福建茶、发财树、佛手、罗汉松、铁树、三角梅、非洲茉莉、绿萝、杜鹃、榆树、栀子花等近20个品种。

本园占地不大，却有大、中、小型盆景、古树50多盆（棵），规格齐全，全部按精品桩收集，精心制作。地植均达10年以上，已有部分上盆成型。其中树桩盆景展出以福建茶、榆树盆景为主，主要以大、中型盆景为主，在造型上有悬崖式、曲干式、露根式等。还有别具特色的微型盆景，这些艺术作品远望犹如掌上之物，近观却有旷野林木之姿，品位和档次可谓上好佳品，极具收藏和观赏价值。室内花卉盆景主要有千手观音、龙蛇兰、变叶木、广东万年青等品种，绿意葱葱，美丽大方。

三、森林文化长廊

森林文化长廊充分利用地形高差的变化，将自然山水悉数纳入视线之中，山涧跌水、竹筒滴泉，通过组合、单设等造型艺术处理，集中表现了水、石、路、廊构景的功效。丰富的植物，自然的山石，奇特的置石，迂回曲折的森林文化长廊，和周围的景色融为

园林之窗（何荣财 摄）

室内花卉盆景（来源：福建三明林业学校）

一体，绘成了一幅优美的自然景观画卷，体现了“精致”的微景。

森林文化源远流长、博大精深，它不仅影响着远古的农耕文明与现代文明，而且涉及自然科学与社会科学的许多领域，由森林文化引申出来的松文化、竹文化、茶文化、花文化等若干分支，构成了森林文化长廊完整的构架体系。因此，森林文化有着丰富的人文内涵，它体现着人类社会的发展走过了漫长的历程，影响并推动经济发展与社会文明进步。

森林校园文化是学校办学特色与深厚历史文化的积淀，校园中的每一处景点、一草一木，对于师生健康品格的塑造都起着潜移默化的作用。园林中的空间实用性及园景一体就是校园文化的设计表现。庭院式、自然山水式，是森林校园的特色，依山傍水，泉水叮咚，浓缩于大自然于庭院之中，“小空间，大园林”，形成精致的微缩景观。“不深不浅溪水，半砖半阁人家”，崖潭、置石、农家石厩、山涧竹水、海桐、棕竹、十大功劳等园林元素，与回廊、憩亭、形如石油之花的景观石、琴键单面宣传画廊和谐相处，浑然一体，构成了一幅优美的自然景观画卷，使我们在学习、工作之余领略自然美景，陶冶情操。

森林文化长廊（何荣财　摄）

第三章

茶文化

中国是茶的故乡，也是世界上最早发现和利用茶的国家。茶，是中华民族的举国之饮。中国几千年的茶文化、茶知识博大精深，是东方文化瑰宝，它的美，它的意境，是我们每一个人都无法抗拒的，是我们引以为豪的千年文化传承。

第一节
概述

中国茶文化源远流长，巴蜀常被称为中国茶业和茶文化的摇篮。它发于神农，闻于鲁周公，兴于唐朝，盛在宋代，如今已成了风靡世界的三大无酒精饮料（茶叶、咖啡和可可）之一，饮茶嗜好遍及全球。全世界已有50余个国家种茶。寻根溯源，世界各国最初所饮的茶叶，引种的茶种，以及饮茶方法、栽培技术、加工工艺、茶事礼俗等，都是直接或间接地由中国传播出去的。中国是茶的发源地，被誉称为“茶的祖国”。世界各国，凡提及茶事者，无不与中国联系在一起。茶，乃是中华民族的骄傲。茶文化是中国传统文化的重要组成部分。随着社会的发展与进步，茶不但对经济起了很好的作用，成了人们生活的必需品，而且逐渐形成了灿烂夺目的茶文化，成为社会精神文明的一颗明珠。

茶文化的出现，把人类的精神和智慧带到了更高的境界。茶与文化关系至深，涉及面很广，内容也很丰富。这里既有精神文明的体现，又有意识形态的延伸。无疑，它有益提高人们的文化修养和艺术欣赏水平。中国茶文化既是饮茶的艺术，也是生活的艺术，更是人生的艺术。

一、茶文化概念

茶文化有广义和狭义之分。广义的茶文化是指整个茶叶发展历程中有关物质和精神财富的总和。狭义的茶文化则是专指其“精神财富”部分。王玲教授在《中国茶文化》一书中是主张狭义说的，她强调指出：“研究茶文化，不是研究茶的生长、培植、制作、化学成分、药学原理、卫生保健作用等自然现象，这是自然科学家的工作。也不是简单地把茶叶学加上茶叶考古和茶的发展史。我们的任务，是研究茶在被应用过程中所产生的文化和社会现象。”

二、茶艺、茶道与茶文化关系

什么是茶艺？各家的解释是见仁见智并无统一而明确的定义。如台湾茶艺专家季野先生认为：“茶艺是以茶为主体，将艺术融于生活以丰富生活的一种人文主张，其目的在于生活而不在于茶。”范增平先生认为：“茶艺包括两方面，科学和人文。”科学也就是技艺，科学地泡好一壶茶的技术。艺术，美妙地品享一杯茶的方式。中国茶艺之美是属于心灵美，欣赏茶艺，是要把自我投入整个过程当中来观察整体。浙江湖州的茶文化专家寇丹先生在综合各家学说之后，认为茶艺也有广义和狭义之分：“广义的茶艺是研究茶叶的生产、制造、经营、饮用的方法和探讨茶叶的原理、原则，以达到物质和精神全面满足的学问。狭义的茶艺是如何泡好一壶茶的技艺和如何享受一杯茶的艺术。”茶道是一种以茶为媒的生活礼仪，也被认为是修身养性的一种方式，它通过沏茶、赏茶、闻茶、饮茶，增进友谊，美心修德，学习礼法，是很有益的一种和美仪式。

茶艺是包括茶叶品评技法和艺术操作手段的鉴赏以及品茗美好环境的领略等整个品茶过程的美好意境，其过程体现形式和精神的相互统一，是饮茶活动过程中形成的文化现象。它起源久远，历史悠久，文化底蕴深厚，与宗教结缘。茶艺包括选茗、择水、烹茶技术、茶具艺术、环境的选择创造等一系列内容。茶艺背景是衬托主题思想的重要手段，它渲染茶性清纯、幽雅、质朴的气质，增强艺术感染力。不同的风格的茶艺有不同的背景要求，只有选对了背景才能更好地领会茶的滋味。

茶文化包括茶叶品评技法、艺术操作手段的鉴赏、品茗美好环境的领略等整个品茶过程的美好意境。

茶文化的精华是茶道，茶道的主要内容是茶艺，它讲究五境之美，即茶叶、茶水、茶具、火候、环境。

茶道和茶艺，在生活的体现就是茶文化。

王玲教授在其著作《中国茶文化》中指出：“茶艺与茶道精神，是中国茶文化的核心。我们这里所说的‘艺’，是指制茶、烹茶、品茶等艺茶之术；我们这里所说的‘道’，是指艺茶过程中所贯彻的精神。有道而无艺，那是空洞的理论；有艺而无道，节则无精、无神。茶艺，有名，有形，是茶文化的外在表现形式；茶道，就是精神、道理、规律、本源与本质，它经常是看不见、摸不着的，但你却完全可以通过心灵去体会。茶艺与茶道结合，艺中有道，道中有艺，是物质与精神高度统一的结果。”

新中国成立后，我国茶叶从 1949 年的年产 7500 吨发展到 2013 年的 189 万吨。茶物质财富的大量增加为我国茶文化的发展提供了坚实的基础，1982 年，在杭州成立了第一个以弘扬茶文化为宗旨的社会团体——“茶人之家”，1983 年湖北成立“陆羽茶文化研究会”，1990 年“中国茶人联谊会”在北京成立，1993 年“中国国际茶文化研究会”在湖州成立，1991 年中国茶叶博物馆在杭州西湖乡正式开放，1998 年中国国际和平茶文化交流馆建成。随着茶文化的兴起，各地茶艺馆越办越多。国际茶文化研讨会已举办五届，吸引了日、韩、美及港台地区纷纷参加。各省各市及主产茶县纷纷主办“茶叶节”，如福建武夷市的岩茶节，云南的普洱茶节，浙江新昌、泰顺和湖北英山及河南信阳的茶叶节不胜枚举，都以茶为载体，促进全面的经济贸易发展。

三、茶文化的内涵

从茶文化的定义看，茶文化应包含以下四个方面的内容。

1. 物态文化

人们从事茶叶生产的活动方式和产品的总和，即有关茶叶的栽培、制造、加工、保存、化学成分及疗效研究等，也包括品茶时所使用的茶叶、水、茶具以及桌椅、茶室等看得见摸得着的物品和建筑物。

2. 制度文化

人们在从事茶叶生产和消费过程中所形成的社会行为规范。如随着茶叶生产的发展，历代统治者不断加强其管理措施，称之为“茶政”，包括纳贡、税收、专卖、内销、外贸等。据《华阳国志・巴志》记载，早在周武王伐纣之时，巴蜀地区的“茶、蜜、灵龟皆纳贡。”至唐以后贡茶的份额越来越大，名目繁多。从唐代建中元年（公元 780 年）开始，对茶叶征收赋税：“税天下茶、漆、竹、木，十取其一。”（《旧唐书，食货志》）大和九年（公元 835 年）开始实行榷茶制，即实行茶叶专卖制（《旧唐书，文宗本纪》），宋代蔡京立茶引制，商人领引时交税，然后才能到指定地点取茶。自宋至清，为了控制对西北少数民族的茶叶供应，设茶马司，实行茶马贸易，以达到“以茶治边”的目的。对汉族地区的茶叶贸易也严加限制，多方盘剥。

3. 行为文化

人们在茶叶生产和消费过程中的约定俗成的行为模式，通常是以茶礼、茶俗以及茶艺等形式表现出来。如宋代诗人杜来“寒夜客来茶当酒”的名句，说明客来敬茶是我国的传统礼节；千里寄茶表示对亲人的怀念；民间旧时行聘以茶为礼，称“茶礼”，送“茶礼”叫“下茶”，古时谚语曰“一女不吃两家茶”，即女家受了“茶礼”便不再接受别家聘礼；还有以茶敬佛，以茶祭祀等。至于各地、各民族的饮茶习俗更是异彩纷呈，饮茶习俗更是异彩纷呈，各种饮茶方法和茶艺程式也如百花齐放，美不胜收。

4. 心态文化

人们在应用茶叶的过程中所孕育出来的价值观念、审美情趣、思维方式等主观因素。如人们在品饮茶汤时所追求的审美情趣，在茶艺操作过程中所追求的意境和韵味，以及由此产生的丰富联想；反映茶叶生产、茶区生活、饮茶情趣的文艺作品；将饮茶与人生处世哲学相结合，上升至哲理高度，形成所谓茶德、茶道等。这是茶文化的最高层次，也是茶文化的核心部分。

四、茶道——茶艺的核心

茶道是在操作茶艺过程中所追求、所体现的精神境界和道德风尚，经常是和人生处世哲学结合起来，成为茶人们的行为准则。不过，以这样的高度来要求茶人毕竟过于严格和空乏，常人不易掌握，一些茶艺大师和专家们便以精练的哲理语言加以概括，提出许多茶道的基本精神，使所有茶人易于理解和便于操作。这些基本精神就是饮茶的道德要求，亦称为茶德。

中国的茶道精神有不同的提法。唐代刘贞亮在《茶十德》中曾将饮茶的功德归纳为十项：以茶散闷气，以茶驱腥气，以茶养生气，以茶除病气，以茶利礼仁，以茶表敬意，以茶尝滋味，以茶养身体，以茶可雅心，以茶可行道。其中“利礼仁”、“表敬意”、“可雅心”、“可行道”等都属于茶道范围。20 世纪 80 年代以后，随着茶文化热潮的兴起，许多人觉得应该对中国的茶道精神加以总结，归纳出几条便于茶人们记忆、操作的“茶德”。已故的浙江农业大学茶学专家庄晚芳教授在 1990 年第 2 期《文化交流》杂志上发表的《茶文化浅议》一文中明确主张“发扬茶德，妥用茶艺，为茶修养之道”。他提出中国的茶德应是“廉、美、和、敬”，并加以解释：廉俭有德，美真康乐，和诚处世，敬爱为人。具体内容为：

廉——推行清廉、勤俭有德。以茶敬客，以茶代酒，减少“洋饮”，节约外汇。

美——名品为主，共尝美味，共闻清香，共叙友情，康起长寿。

和——德重茶礼，和诚相处，搞好人际关系。

敬——敬人爱民，乐于助人，器净水甘。

当我们了解茶文化的各个层次及其核心部分之后，我们就可以明白茶文化与一般的饮食文化有着很大的区别，即它除了满足人们的生理需要之外，更重要的是为了满足人们的心理需求。茶道精神是在茶艺操作过程中体现的，是人们在品茗活动中一种高品位的精神追求。人们走进现代的茶艺馆，并不是为了解渴，也不仅仅是为了保健的需要，更多的是一种文化上的满足，是高品位的文化休闲，可以说是一种高档次的文化消费。经营茶艺馆，在追求经济效益的同时重视茶文化知识的普及和推广，经常举行茶艺表演，开办茶艺知识讲座和培训，积极参与茶文化活动，显示出自觉的文化积极性，这是其他餐饮业所不能比拟的。对在茶艺馆从事茶艺工作的人员，在文化素质上的要求也要比餐厅服务员更高一些，她们除了服务顾客之外，还肩负着普及茶艺知识、推广茶文化的高尚任务，具有一种使命感和荣誉感。

那么，茶文化到底具有哪些社会功能呢？前述的众多有关茶道、茶德的论述，已包括这方面内容，也就是说，那些茶德所要求做到的，就是茶文化的社会功能，就是茶文化对社会的贡献。

因此，除了增进人们健康、促进茶业经济发展、弘扬传统文化之外，还可以将茶文化的社会功能简化归纳为下列三个方面：

以茶雅心——陶冶个人情操。茶道中的“清”、“寂”、“廉”、“美”、“静”、“俭”、“洁”、“性”等，侧重个人的修身养性，通过茶艺活动提高个人道德品质和文化修养。

以茶敬客——协调人际关系。茶道中的“和”、“敬”、“融”、“理”、“伦”等，侧重于人际关系的调整，要求和诚处世，敬人爱民，化解矛盾，增进团结，有利于社会秩序的稳定。

以茶行道——净化社会风气。在当今的现实生活中，商品大潮汹涌，物欲膨胀，生活节奏加快，竞争激烈，人心浮躁，心理易于失衡，人际关系趋于紧张。而茶文化是雅静、健康的文化，它能使人们绷紧的心灵之弦得以松弛，倾斜的心理得以平衡。以“和”为核心的茶道精神，提倡和诚处世，以礼待人，对人多奉献一点爱心，一份理解，建立和睦相处、相互尊重、互相关心的新型人际关系。因此，必然有利于社会风气的净化。范增平先生在《茶艺文化再出发》一文中曾将茶文化的社会功能具体归纳为以下几个方面：

探讨茶艺知识，以善化人心。

体验茶艺生活，以净化社会。

研究茶艺美学，以美化生活。

发扬茶艺精神，以文化世界。

总之，茶道精神是茶文化的核心，是指导茶文化活动的最高原则。一切有悖于茶道精神的行为，都应加以纠正、克服，使中国茶文化事业永远沿着健康、文明的道路发展。

第二节
茶艺美学

一、茶艺美学的基本概念和茶艺的美学特征

茶艺是一门集音乐、舞蹈、饮食、服饰、戏曲、建筑、书法绘画及人文精神于一体的、适宜于舞台或室内表演的茶叶冲泡和品饮艺术，有着广阔的发展前景和历史文化价值，值得我们认真总结和研究。

茶艺的美集中体现在它特有的美学特征上。茶艺的美是一种综合的美。它融汇了诸如音乐、舞蹈、饮食、服饰、建筑、书法、绘画等艺术门类的美学特征，又加以凝练和升华，形成一种宁静、典雅、平和的中国式古典美学范畴，体现了中华民族特有的审美意识和审美追求。

茶艺的美是一种创造的美，是通过茶艺师的表演来体现和完成的。探讨茶艺的美学实质，就应该从茶艺表演过程和要素着手。也就是说，茶艺美学不仅是一门理论学科，更是一门理论和实践相结合的学科，它研究茶艺师在茶艺表演过程中对美的认识和创造，以及由此而产生的审美趣味和精神追求等。

茶艺的美学特征可以从五个方面来概括：形式美、动作美、结构美、环境美和神韵美。

1. 茶艺的形式美

茶艺表演按类型可区分为传统茶艺、现代茶艺、民俗茶艺以及带有宗教色彩的茶艺等。也有根据茶叶类型进行分类的，如绿茶茶艺、红茶茶艺、乌龙茶茶艺、普洱茶茶艺等。也有按用途进行区分的，如表演型茶艺、待客型茶艺、实用型茶艺等。有的则属于拼凑型，姑且以“混合型茶艺”称之。

茶艺的表演形式是很独特的，一方茶席、一张茶几、一套茶器、一位茶艺师就可以进行表演了，如果需要或为了加强效果，还可以配解说词、配音乐，还可以配一名乃至数名茶侣（协助茶艺师表演的人员）。因此，单从形式上看，茶艺表演和戏曲表演（注：这里所说的戏曲主要指昆曲和京剧，下同）最为接近。这种形式的好处是简洁集中，主题鲜明，能一开始就引起观众注意。不足之处是表演形式比较单一，内容大同小异，缺少变化，其艺术性和观赏性相对于戏曲要逊色很多。今后能否使茶艺和戏曲紧密结合，在形式和内容上有所改变，在故事和情节上有所创新和突破，使之更加趣味化和艺术化，值得一试。

茶艺的表现形式以及服装特点（来源：福建三明林业学校）

茶艺的形式美还体现在茶艺表演者的服饰和扮相上。一般而言，茶艺师及其茶侣服饰以简洁、明快为主，而且很有些复古的意味在里面，类似于戏曲里的青衣。因此，在设计服饰时，诸如头发的样式、头饰的选择，服装的颜色、式样，衣领、衣扣及袖口、裤脚的纹饰等，都要和整体茶艺表演氛围相协调，最忌讳庸俗和脂粉气。茶艺师能否戴手镯可以区别对待，纤纤玉腕上挂一环温润的玉镯更能增添茶艺表演的观赏性，何乐而不为呢？至于化妆，小型场合的表演以不着妆或仅着淡妆为主，如果是较大场合，不妨着浓一些的妆，可以参照戏曲青衣的扮相，这样效果会更好一些。

2. 茶艺的动作美

茶艺动作包括手的动作、眼的动作、身体动作和面部表情等。相对于戏曲表演而言，茶艺表演动作很简单，如何在舞台上通过简单的道具和动作语言把茶艺丰富的文化内涵和人文精神充分展示出来，对茶艺表演者提出了很高的要求。仅就茶艺动作语言而言，国内外茶艺专家和茶艺师有不同见解，但也有一些可共同遵守的约定：茶艺师上场及谢场时，要行半鞠躬礼，行礼时双手可自然交叉身前或垂于身体两侧；茶艺表演开始时双手的动作要向身体内侧划圆，这是对客人的尊重；手臂运动要自然柔和，以曲线为主，柔中有刚；脸部要面

优美的茶艺动作语言（来源：福建三明林业学校）

带微笑，口唇自然微启，视线要随着双手动作流动等。这些都还是一些粗浅“功夫”，距离茶艺表演的要求还很远。单靠“兰花指”、“凤凰三点头”之类简单动作语言显然远远不能满足人们的欣赏趣味和要求，应该有创新、有变化、有突破，把茶艺表演提升到新层次、新品位。

3. 茶艺的结构美

茶艺结构包括两个概念，即位置结构和动作结构。位置结构指舞台、茶席、茶艺师之间的关系和构成。由于茶艺表演最初给观众以视觉冲击的就是位置结构，因此如何协调好这三者间的关系，使之更具有审美价值，就成为一个很重要的话题。相对于戏曲表演而言，茶艺表演是静止的，占用的舞台空间也很有限，这就需要我们在舞台背景布置及灯光上下功夫。比如在舞台布景上可以借鉴中国传统绘画中“高、远、深”的透视法，以传统山水画或古典诗词、茶经茶谱为主题，强化茶艺表演的古典美特征。另外茶席、茶几、茶器的摆放位置也很重要，除实用性外，也应该充分考虑其视觉美感和舞台效果。

动作结构是指茶艺表演过程中动作间的关系和构成。由于茶艺表演过程持续时间较短，一般30分钟左右，这就要求茶艺表演应一气呵成，不能有松散拖沓甚至冷场之感。结构紧凑并不意味着中间没有停顿，和音乐一样，一首传统

茶艺表演与书法的结合（来源：福建三明林业学校）

曲目的时间也只有十几分钟，但其中有强弱，有起伏，有停顿，有变化，这些都是可以借鉴的。茶艺表演的强弱起伏可以由动作完成，而停顿和变化则要由动作结构来调整。譬如煎水时都有一个等待时间，如何巧妙利用这一时间给观众以”此时无声胜有声”的感觉至关重要。如同书法和绘画，满纸都是墨会使人感觉喘不过气来，合理留白则能起到意想不到的艺术效果。

4. 茶艺的环境美

在谈茶艺位置结构时已谈到了茶艺表演的舞台背景布置，如果是在庭院或室内表演，则又是另外一番景象。在庭院表演时，四周的亭台水榭及山石林木最堪入茶，如果有一池春水或一曲回廊，则更能增加茶艺表演的神韵。所以江南园林最适宜于传统茶艺表演，正犹如昆曲最初就是在江南园林里幽幽传唱一样。这里不需要任何人为的布景，也不需要任何解说和配乐，甚至也不需要任何观众。四时景物变化就是最好的布景，风声水声鸟鸣声就是最好的音乐和解说，亭台水榭及山石林木就是最好的观众。

茶艺美首先是一种自然美，我们应充分利用身边的自然景观，营造良好的茶艺表演氛围。茶艺美又是一种精神美，是中国传统文化和艺术美的集中体现和升华。我们应将茶艺表演根植于中华民族深厚的历史文化积淀之中，创造出动人心魄的环境美。

如果是在室内表演，诸如墙上字画和挂件的取择、博古架上器物的陈设、花架上花盆及花品的选择等，都是需要认真考虑的因素。

5. 茶艺的神韵美

谈论茶艺的神韵美离不开前面提到的形式美、动作美、结构美和环境美，只要这四点都做到了，茶艺的神韵美基本上也就有了。

茶艺的神韵美和茶艺师的表演及茶艺程式的编排关系最为密切。茶艺神韵是一个比较抽象的概念，但她又离不开具体的茶艺表演形式，是更加理性化和精神化的审美内容。

比如绘画，古人区分绘画作品为能品、妙品、神品、逸品，其中神品、逸品最有神韵。再比如诗歌，《沧浪诗话》区分诗歌为九品，九品外还有神品，其中神品为诗歌美之极致。

茶艺的神韵美也是如此。茶艺表演可以区分为下品、上品和神品。没有个性，没有特点，东拼西凑的“混合型茶艺”都属于下品；编排合理，有一定茶文化内涵的茶艺表演可归为上品；神品的要求很高，不但要有个性、有特点、有一定的茶文化内涵，更要有一定的茶道精神、一种神韵在其中，达到出神入化的境地，这才是茶艺表演之极致。如何使茶艺表演达到出神入化的境地呢？笔者认为除了上面谈到的四个方面外，茶艺师的个人修养和气质以及对茶的感悟尤其重要。茶艺表演到了一定境界时，所表演的形式甚至内容已经淡化了，重要的是表演者的个性表现——准确地说是人性的表现。如何处理好其间关系，如何把善良美好人性通过茶艺表演凸现出来，不仅是一个优秀茶艺师应该经常思考和实践的话题，也是评判一次茶艺表演有没有神韵美的标准。

二、中国茶艺美学的表现特点

中国茶道不仅在哲学上受到儒释道三教的深刻影响，在美学的表现形式上受三教的影响也很大，并能兼收并蓄，博取众家之长，形成自己的特点。中国茶道美学通过茶人们“以艺示道”，通过茶艺来表现茶道美学，其表现特点主要体现在以下几个方面。

1. 具有神韵

中国茶道的美是通过茶人在艺茶过程中得以体现。所以茶人的内在气质及外观的形象美十分重要。茶人们在长期的茶艺活动中，运用调养身心、保持吃茶的静心状态使外在呈现给人以一种静态的安详美。在艺茶过程中，讲究身体动作如站、坐、走、躬等要自然到位，体现出以神指导动作的特点，目光祥和而真诚，举止大方从容。艺茶过程中讲究呼吸轻细匀适，有一点“气功”，不急不乱。心中要无杂念，不想与茶事无关的事，神定而祥和。选用的茶具也要有艺术的神韵。要结合所选用的茶叶来配合茶具。根据茶具的造型所体现出来的艺术之美与所泡茶叶的韵味能够相一致，使茶叶在器物上也具有神韵。

2. 对称与和谐统一

中国传统的美学法则讲究对称之美。茶道的场所具有对称之美能够带给人以一种安静、稳定、庄重的美学特性，而且还可以衬托出中心位置。中国茶道讲究以和为中心，具有“天人合一”的内在思想。所以，从对称上看，几何对称、阴阳对称等相互统一。从环境的营造上，不仅讲究对象的对称与和谐，而且还注重音乐的和谐与统一，茶人的服饰风格等与整个环境的统一等，从整体上体现茶道中的对称与和谐统一之美。

3. 注重节奏

在艺茶过程中，茶人们通过阴阳、刚柔、动静、开合、往来、盈虚、顺逆、快慢、轻重、浓淡等对立面的相互转化以及连续间断、反复等变化来表现节奏。比如茶艺动作“凤凰三点头”，就是通过有节奏的连续三次落水以表示对客人的欢迎和尊重，体现了节奏美的特色。环境中的建筑物门窗、图案装饰、茶具的选用等也能体现出节奏美的特点。

4. 自然朴素

中国茶道讲究自然，讲究朴素简单之美。比如，在茶道的环境设计上以自然简约为主，不设多余的装饰摆设；茶具的选用上力求自然；茶人装扮上，强调清丽自然为美，不佩戴多余的首饰，不化妆或尽量画淡妆，不做多余的动作，不卖弄娴熟的技巧，不刻意造作，不讲多余和不得体的语言。

5. 对比协调

在茶道中色彩的运用、音乐的选配、装饰的巧妙设计等都存在着对比与协调的思想，在茶具的选用与搭配上也呈现出对比和协调的特色。在相异不同之中体现着协调一致的茶道之美。

6. 主次分明

在茶道中，茶人有主泡与辅泡角色之分，通过大家的相互分工协作共同完成茶事活动。茶具中也有主次之分，以茶壶为中心，诸多的茶具为陪衬。在看似主次分明，茶道美学主要和次要的组合上，也体现着大同和平等的思想。假如没有这个平等的思想来贯穿，茶道中主次也就失去了意义，难以体现茶道平等如一的特色。

第三节
茶艺礼仪

一、礼仪概述

礼仪指的是人们在社会交往中由于受历史传统、风俗习惯、宗教信仰、时代等因素的影响而形成，既为人们所认同，又为人有所遵守，以建立和谐关系为目的各种符合礼的精神及要求的行为准则或规范的总和。礼仪是以一定的或者约定俗成的程序和方式来表现律己、敬人和素养的过程。礼仪之礼者，敬人也，是做人的要求，即应尊重对方；仪则是形式，即把礼表现出来的形式。两者相辅相成，在人际交往中缺一不可。

（一）礼仪的特征

1.规范性

礼仪是一种规范，是对人们在社交实践中所形成的一定礼仪关系的概括和反映。这种规范性，不仅约束着人们在社交活动中的行为举止，使之合乎礼仪，而且也是人们在一切交际场合必须采用的一种“通用语言”，是衡量他人、判断自己是否自律、是否敬人的一种尺度。

2.包容性

每一个国家与地区、民族的礼仪，都有其自身的特点。随着信息的传播和社会交往的增加，现代礼仪兼容并蓄，融会世界各个国家的礼仪之长，使礼仪的地方性相对减弱，变得更加国际化。

3.差异性

礼仪的具体运用，在不同的民族、不同的时代及不同的行为环境中，有着不同的内容和要求，其中民族差异性较为明显，这源于各民族礼仪的形成、发展的文化背景不同和心理上的差异等。礼仪的民族性在某种层面上集中体现了一个民族的心理、文化和习惯，折射出一个民族的文明和社会风尚。这种凝结着整个民族情感的礼仪是不易改变的。

4.传承性

礼仪是历史的产物，任何国家的礼仪都具有自己鲜明的民族特色。任何国家的当代礼仪都是在本国古代礼仪的基础上继承、发展起来的。离开了对本国、本民族既往礼仪成果的传承、扬弃，就不可能形成现代礼仪。礼仪作为人类文明的积累，代代相传，将人们在交际中的习惯做法固定下来，历经漫长的过程，逐渐形成自己的民族特色。现代礼仪正是从传统礼仪的精神遗产中，去其糟粕，取其精华，在实践中逐步发展起来的，因而具有明显的历史传承性特征。

5. 平等性

现代礼仪不论是在个体之间、集体之间或国家之间，都以一律平等为基本准则。虽然，对不同身份、不同地位的人，在礼宾待遇方面作出了不同的等级规定。但这种规定并不意味着尊卑贵贱，而是服从现代社会控制体系和正常交往秩序的体现，是工作需要和礼仪需要相互融合统一的结果，人与人之间关系的本质并没有改变。

（二）礼仪的原则

1. 遵守和自律的原则

礼仪既然是约定俗成的，就具有一定的规范性，不能轻易改变，因此人们应该自觉地遵守礼仪。这是礼仪的基本原则。

2. 尊重和从俗的原则

尊重，首先要尊重自我，尊重他人。尊重自我即自尊，有被人尊重的要求，不容许别人对自己侮辱和歧视，自身也不能对他人卑躬屈膝，要有一种谦逊、不骄躁的品格，一种不卑不亢的气节。这一点类似于茶叶的品格，习茶之人更应注意。尊重他人，不论对方身份地位如何，都应该一视同仁，平等地对待他人，不能有高低贵贱之分。其次，要尊重不同国家和地区、不同民族、不同宗教的礼仪。不同宗教、民族，不同国家和地区拥有不同的礼仪，要尊重它们，不要有所谓的优秀和低劣之分；不同的礼仪具有不同的特点，是由特定的历史因素产生的，是平等的。尊重，从某个角度来说就是要接受他人的不同。

从俗，就是入乡随俗，在进入某个地方的时候要遵循当地的风俗，特别是在进行或观赏某些民俗性茶艺表演时，要尊重其民俗。比如一些思想传统的人忌讳白色，在给他们进行茶艺表演时，茶艺表演的服装或茶席不应采用白色。

尊重的原则还包括待人真诚，要表里如一，不可以只是表面做做样子。尊重的原则是礼仪的核心原则。

3. 适度的原则

任何事物都有适度原则，礼仪也不例外。正所谓过犹不及，要注意把握分寸，运用得恰如其分。热情待客是一般的待客要求，但是太过热情的话会产生一些误会，但是不够热情又会让客人觉得礼节不够，因此要热情适度。这个原则并不容易掌握，针对不同的人和事有不同的标准，所以需要多加思考，勤加练习。

（三）礼仪在茶艺中的重要性

1. 有助于内强素质、外塑形象

在人际交往中，礼仪往往是衡量一个人文明程度的准绳，它反映一个人的气质风度、阅历见识、道德情操、精神面貌。因此，从这个意义上讲，礼仪即教养，有教养才能文明。

通过一个人对礼仪的运用程度，可目察其教养的高低、文明的程度及道德水准。如果我们时时处处都能以礼待人，那么就会使我们显得很有修养。古人曰：“穷则独善其身，达则兼济天下；修身齐家治国平天下。”把修身放在首位。教养体现细节，细节展示形象。

2. 有助于改善人际关系

礼仪本身就是一个人修养、自尊和品位格调的体现，要获得社会上人们的尊敬就必须按照一定的礼仪和规范行动，形成自觉的意识并付诸实践。在日常生活和工作中，礼仪能够调节人际关系，从一定意义上说，礼仪是人际交往和谐发展的调节器，人们在交往时遵循礼仪规范，有助于加强人们之间的互相尊重，促进双方建立友好合作的关系。一般来说，人们受到尊重、礼遇、赞同和帮助就会产生吸引心理，形成友谊关系；反之会产生敌对、抵触、反感，甚至招来憎恶的心理。

3. 可以净化社会风气

以礼仪来保育社会生态，减少彼此间的摩擦，消融彼此间的怨恨，使社会更和谐；当别人无礼相待时，不但不能以同样无礼的态度来回敬，还应该告诉自己：为了要让自己活得健康一点、 快乐一点，应该礼让他，并且由衷地、心口一致地以礼待他，相信这样一定能消融彼此的怨恨。

4. 获得成功沟通的保障

沟通在生活中就如人的血脉，如果沟通不畅，就如同血管栓塞，其后果可想而知。所以，要学会沟通还必须掌握其途径。而礼仪就是帮助沟通成功的重要途径和保障。在交往初期，客观存在所代表的还是一种印象，人们一般在见面 15 秒就能形成第一印象，美好的第一印象来自你的礼仪修养，如装扮、举止、语言是否得体。美好的第一印象会给下一步的沟通敞开一扇门。要想使沟通锦上添花，就必须学会礼仪。

（四）礼仪的形成条件

1. 沟通

所谓沟通就是要取得相互理解，只有双向的了解，才能达成真正的沟通。

而沟通是礼仪的必要组成部分，如果缺少了沟通，礼仪也不能尽善尽美。

2. 认知

在正式场合中，很多事物都有其一定的规则。如你对这些规则没有认知，就会闹笑话。如喝干白可以加冰块，喝干红则什么都不加，如果你喝干红加冰块，就失礼了。如喝咖啡时不能乱用调羹，调羹的用途有二：一是加了牛奶、糖块后搅拌用的；二是觉得咖啡特别烫时，用来搅一搅降温。如果你拿着调羹舀咖啡喝，就说明你不懂规矩。所以我们必须对礼仪规范有充分认知才行。

3. 互动

所谓互动，就是要获得对方的反馈，产生结果。如你在家里请人吃饭，明明准备了很多好吃的，你却说："饭做得不好，请多包涵。"实际上是想获得别人的赞扬。又如你去拜访别人，人家正准备出门办事，如果那时你没有及时响应，还继续拜访程序，那就会给人家留下不好的印象，你的拜访也不会成功。礼仪也是在互动过程中产生的。

二、茶艺礼仪要素

（一）茶艺人员的仪表

1. 得体的着装

服装，大而言之是一种文化，它反映着一个民族的文化素养、精神面貌和物质文明发展的程度；小而言之，服装又是一种"语言"，它能反映出一个人的职业、文化修养、审美意识，也能表现出一个人对自己、对他人以至对生活的态度。着装的原则是得体和谐。

2. 整齐的发型

作为茶艺师，发型原则上要适合自己的脸型和气质，要按泡茶时的要求进行梳理。如是短发，要求在低头时，头发不要落下挡住视线；如果是长发，泡茶时应将头发束起，否则将会影响操作。

3. 优美的手型

作为茶艺师，如果是女士，首先要有一双纤细、柔嫩的手，平时注意适时保养，随时保持清洁；如果是男士，则要求干净。因为在泡茶的过程中，客人的目光始终停留在你的手上，观看泡茶的全过程，因此服务人员的手极为重要。

4. 面部表情

茶艺师的面部表情要求自然真诚，温文尔雅，大方得体，不可以做作。

5. 优雅的举止

举止是指人的动作和表情，日常生活中人的一举手一投足、一颦一笑都可

茶艺表演的服装（来源：福建三明林业学校）

茶艺表演人员的仪表与仪态之一（来源：福建三明林业学校）

艺表演人员的仪态与仪表之二（来源：福建三明林业学校）

概括为举止。举止是一种不说话的“语言”，它反映了一个人的素质、受教育的程度及能够被人信任的程度。

6. 正确的仪态

基本仪态包括站、坐、行等。我国传统上对基本姿态有“站如松，坐如钟，行如风”的要求。

7. 微笑

微笑是人类的一种独特的微妙表情，它有一种天然的吸引力，不需要言语沟通，也不需要多余的动作就可以快速地拉近人与人之间的心理距离，创造和谐的气氛。

（二）常用的茶艺服务礼节

1. 握手礼

握手礼是一切场合中最常使用、适用范围最广的礼节。握手礼表示敬意、亲近、友好、寒暄、道别、感谢等多种含义，是世界各国较普遍的社交礼节。在茶室迎接客人到来或是与客人离别时常用握手礼。握手应遵循上级在先、长辈在先、女士在先的基本原则。握手时，要用右手，而不得使用左手。不宜同时与两人握手，更不能交叉握手。握手时不能戴手套（女士除外），不能戴墨镜。握手力度不宜过大，时间以3~5秒为宜。男士与女士握手，一般只轻握对方的手指部分，握手后切忌用手帕擦手。

2. 鞠躬礼

鞠躬礼即弯腰行礼，是中国的传统礼仪动作。茶道表演者在开始和结束表演时，均要行鞠躬礼。鞠躬礼从行礼姿势上分站式、坐式和跪式三种，且根据鞠躬的弯腰程度可分为真、行、草三种。

3. 伸掌礼

这是茶道表演中用得最多的特殊礼节。当主泡须请助泡协同配合时，或请客人帮助传递茶杯或其他物品时都简用此礼，表示的意思为“请”和“谢谢”。当两人相对时，可伸右手掌，若侧对时，右侧方伸右掌，左侧方伸左掌。伸掌姿势应是：五指并拢，手掌略向内凹，手心向上，左手或右手从胸前自然向左或向右伸出，侧斜之掌伸于敬奉的物品旁，同时欠身。

4. 叩手礼

叩手礼即用食指和中指轻叩桌面，以致谢意。相传清代乾隆皇帝带了两个太监游江南，到一家茶馆私巡察访。皇帝为太监倒茶、奉茶，太监诚惶诚恐，想下跪谢主隆恩，又怕暴露了皇帝身份，情急之下太监急中生智，忙将右手中指与食指并拢，指关节弯曲，在桌面上作跪拜状轻轻叩击，以代“三叩九拜”之礼，以后这一“以手代叩”的礼节在民间广为流传。至今，在不少地区的习俗中，长辈或上级给晚辈或下级斟茶时，晚辈或下级必须用双手指跪拜状轻轻叩击桌面两三下；晚辈或下级为长辈或上级斟茶时，长辈或上级只需用单指叩击桌面两三下表示谢意。

5. 注目礼和点头礼

注目礼是用眼睛庄重而专注地看着对方，点头礼即点头示意。这两个礼节一般在向客人敬茶或奉上某物品时用到。另外，表演时与观众的目光交流和点头示意也是一种礼节。

6. 端坐礼

在表演过程中，要求双腿并拢，头肩身始终保持端正平直，不能歪斜松弛，身体可以稍稍侧身立坐，以表尊敬。无动作时应双手交叉，放在腹部右侧或操作台上。

7. 置茶礼

在表演时，手拿杯具不能沾杯口，而应拿杯具 2/3 以下的地方（包括茶艺用具），移动杯具不能碰出声音，茶盘茶具随时保持整洁整齐。

8. 奉茶礼

在奉茶时要求双手敬上，如果是工夫茶还须以举案齐眉的方式，即将盛放品茗杯与闻香杯的茶托举到齐眉的位置，以表示对客人的尊敬，及对茶和自然的尊敬。

9. 应答礼

在表演茶艺的过程中，要求与茶人之间进行交流时，亲切大方得体，不沉默，不抢先，敬字当头，注意礼节，对方行礼表示敬意时，一定要表示答谢，表现出一种高尚的茶道精神修养。

10. 寓意礼

茶事活动中，自古以来在民间逐步形成了不少带有寓意的礼节。如最常见的为冲泡时的“凤凰三点头”，即手提水壶高冲低斟反复三次，寓意是向客人三鞠躬以示欢迎。茶壶放置时壶嘴不能正对客人，否则表示请客人离开的意思。回转斟水、斟茶、烫壶等动作，右手必须逆时针方向回转，左手则以顺时针方向回转，表示招手“来！来！来！”的意思。欢迎客人来观看，若相反方向操作，则表示挥手“去！去！去！”的意思。另外，有时请客人选点茶，有“主随客愿”之敬意。有杯柄的茶杯在奉茶时要将杯柄放置在客人的右手面，所敬茶点要考虑取食方便。总之，应处处为方便客人考虑，这一方面的礼仪有待于进一步地发掘和提高。

11. 其他礼节

客来奉茶，应先请教客人的喜好，如有点心招待，应先将点心端出，再奉茶。茶会上除饮茶之外，也可以上一些点心或风味小吃。国内现在有时也以茶会招待外宾。

俗话说：“酒满茶半”。倒茶时应注意茶不要太满，以八分满为宜。水温不宜太烫，以免不小心烫伤客人。同时有两位以上的访客时，端出的茶色要均匀，并要配合茶盘端出，左手捧着茶盘底部，右手扶着茶盘的边缘，如是点心放在客人的右前方，茶杯应摆在点心右边。上茶时应向在座的人说声“对不起”，再以右手端茶，从客人的右方奉上，面带微笑，眼睛注视对方并说：“这是您的茶，请慢用！”在广东，客人用盖碗品茶时，如果不是客人自己揭盖要求继水，茶艺人员不可以主动为客人揭盖添水，否则会被认为是不礼貌。此外，不同民族还有不同的茶礼和禁忌。如蒙古族敬茶时，客人应躬身双手接茶而不可单手接茶；土家族人忌讳用有裂隙或缺口的茶碗奉茶；藏族同胞忌讳把茶具倒扣放置；部分西北区的少数民族忌讳高斟茶冲起满杯泡沫等。各地的茶礼、茶俗很多，平时应多学习和掌握，以免在茶艺服务中犯忌。

（三）接待礼仪

1. 基本要求（礼、雅、柔、美、静）

茶艺表演时要注意两件事：一是将各项动作组合的韵律感表现出来；二是将泡茶的动作融进与客人的交流中。

茶艺师在茶事活动中要做到“三轻”：说话轻，操作轻，走路轻。

① 礼　在服务过程中，要注意礼貌、礼仪、礼节，以礼待人，以礼待茶，以礼待器，以礼待己。

② 雅　茶乃大雅之物，尤其在茶艺馆这样的氛围中，服务人员的语言、动作、表情、姿势、手势等要符合雅的要求，努力做到言谈文雅，举止优雅，尽可能地与茶叶、茶艺、茶艺馆的环境相协调，给顾客一种高雅的享受。

③ 柔　茶艺师在进行茶事活动时，动作要柔和，讲话时语调要轻柔、温柔、温和，展现出一种柔和之美。

④ 美　主要体现在茶美、器美、境美、人美等方面。茶美，要求茶叶的品质要好，货真价实，并且要通过高超的茶艺把茶叶的各种美感表现出来。器美，要求茶具的选择要与冲泡的茶叶、客人的心理、品茗环境相适应。境美，要求茶室的布置、装饰要协调、清新、干净、整洁，台面。茶具应干净、整洁且无破损等。茶、器、境的美，还要通过人美来带动和升华。人美体现在服装、言谈举止、礼仪礼节、品行、职业道德、服务技能和技巧等方面。

⑤ 静　主要体现在境静、器静、心静等方面。茶艺馆音乐要柔和，交谈声音不能太大。做到动中有静，静中有动，高低起伏，错落有致。心静，就是神定气闲，茶艺员的心态在泡茶时能够表现出来，并传递给顾客，表现不好，就会影响服务质量，引起客人的不满。因此，管理人员要注意观察茶艺师的情绪，及时调整他们的心态，对情绪确实不好且短时间内难以调整的，最好让其不要为顾客服务，以免影响茶艺馆的形象和声誉。

2. 茶艺师的人格魅力

一位推销大师说得好：推销自己比推销商品更重要。茶艺师吸引顾客靠的是自己的人格魅力，那么，怎样做足自己，实现个性化服务呢？

① 微笑　茶艺师的脸上永远只能有一种表情，那就是微笑。有魅力的微笑，发自内心的得体的微笑，这样的微笑才会光彩照人。

② 语言　茶艺师用语应该是轻声细语。但对不同的客人，茶艺员应主动调整语言表达的速度，对善于言谈的客人，你可以加快语速，或随声附和，或点头示意；对不喜欢言语的客人，你可以放慢语速，增加一些微笑和身体语言，如手势、点头。总之，与客人协调一致，你才会受到欢迎。

③ 交流　茶艺师讲茶艺不要讲得太满，从头到尾都是自己在说，这会使气氛紧张。应该给客人留出空间，引导客人参与进来，除了让客人品茶外，还要让客人开口说话。引出客人话题的方法很多，如赞美客人，评价客人的服饰、气色、优点等，这样可以迅速缩短你和客人之间的距离。

④ 功夫　这是茶艺师的专业。知茶懂茶，知识面广，表演得体等，这是优秀茶艺师的先决条件。

接待中要注意不同地域宾客的服务，不同民族宾客的服务，不同宗教宾客的服务。

案例

大红袍的传说

福建是历史悠久的产茶大省，由于得天独厚的自然条件，茶叶品质优良，种类繁多，六大茶叶类别分别有乌龙茶、红茶、白茶、黑茶、黄茶、绿茶。乌龙茶集中在泉州和武夷山地区，而安溪铁观音和武夷山岩茶是其中最出名的乌龙茶种类。红茶主要包括南平的正山小种、宁德的坦洋功夫和白琳功夫红茶。白茶主要集中在宁德市，种类有白牡丹、雪芽、白毫银针等。绿茶类最出名的属福州的茉莉花茶，也包括龙岩的斜背绿茶。

闽北乌龙——武夷岩茶品目繁多，主要有大红袍、肉桂、不知春、铁罗汉、水金龟、白鸡冠、四季春、万年青等，而最负盛名的当数大红袍。

“大红袍”属于武夷岩茶中品质最高者。位于福建崇安东南部的武夷山，方圆 60 公里 36 峰 99 座名岩，岩岩有茶，茶以岩命名，岩又因茶闻名，故名岩茶。

武夷产茶历史悠久，唐代已栽制茶叶，宋代列为皇家贡品，元代在武夷山九曲溪之四曲畔设立御茶园专门采制贡茶，明末清初创制了乌龙茶武夷山栽种的茶树，品种繁多，有大红袍、铁罗汉、白鸡冠、水金龟“四大名枞”。所以“大红袍”并不是独立的一种茶叶，而是枞茶树的一支。大红袍生长于武夷山东北部天心岩下永乐禅寺之西的九龙巢，现陡峭绝壁上仅存六株，由岩缝渗出的泉水滋润，不施肥料，生长茂盛，树龄已达 350 年之久。大红袍茶树为灌木型，树冠半展开，分支较密集，叶梢向上斜生，叶近椭圆形，叶端钝略下垂，叶缘微向面翻，叶色深绿光泽，内贫稍厚面发脆，嫩芽略壮，显亮，深绿带紫。因早春茶芽萌发时，远望通树艳红似火，若红袍披树。

关于大红袍的历史传说有许多，广为流传的是说在明朝年间一个赶考举人路过武夷时，突然发病，腹痛难忍，当时有位来自天心岩天心寺的僧人取出采自寺旁岩石上生长的茶泡给他喝，病痛即止，不药而愈，举人后来考取了状元，为了答谢和尚，专程前来拜谢，并将身穿的状元袍披在那株茶树上，该茶因而得名“大红袍”。

另一种说法则延续了这个故事，后话是状元荣归武夷时听方丈说此茶可治百病，便要求采制一盒进贡皇上。第二天，庙内烧香点烛、击鼓鸣钟，召来大小和尚，向九龙窠进发。众人来到茶树下焚香礼拜，齐声高喊“茶发芽！”然后采下芽叶，精工制作，装入锡盒。状元带了茶进京后，正遇皇后肚疼鼓胀，卧床不起。状元立即献茶让皇后服下，果然茶到病除。皇上大喜，将一件大红袍交给状元，让他代表自己去武夷山封赏。一路上礼炮轰响，火烛通明，到了九龙窠，状元命一樵夫爬上半山腰，将皇上赐的大红袍披在茶树上，以示皇恩。说也奇怪，等掀开大红袍时，三株茶树的芽叶在阳光下闪出红光，众人说这是大红袍染红的。后来，人们就把这三株茶树叫作“大红袍”了。有诗为证：

焙火十足奶油香，焙火轻燎桃蜜芳；
乌头朱尾三节色，绿叶红镶着新装。
条索结实蛤蟆背，叶片扭曲宝色堂；
汤色清澈明又亮，气息馥郁幽兰香。
七冲八泡有余味，九煮十炖色尚黄；
甘爽滑顺龙颜悦，苦涩麻酸不上榜。
永乐禅寺修正果，洪武赐予大红裳；
半壁江山无人送，九龙窠岩君来尝。

不管各路传说如何令人称奇，真正的好茶是不会因为几个传奇的炒作而蜚声国际的。大红袍属半发酵茶，由于茶树长在岩石间，使得它的成分及滋味有别于其他茶种。其单丛加工，品质特优的“名丛”，各道工序全部由手工操作，以精湛的工艺特制而成。成品茶香气浓郁，滋味醇厚，有明显“岩韵”特征，饮后齿颊留香，经久不退，冲泡9次犹存原茶的桂花香真味，被誉为“武夷茶王”。

当代书法家张燕生先生曾为武夷山大红袍吟赋题写：“绿叶镶边兮红袍罩身，善缘接善兮一泡心宁”，这应该是对大红袍“禅茶一味”的品质特征的精练概括。大红袍外形条索紧结，色泽绿褐鲜润，冲泡后汤色橙黄明亮，叶片红绿相间，典型的叶片有绿叶红镶边之美感。大红袍品质最突出之处是香气馥郁有兰花香，香高而持久，“岩韵”明显。大红袍很耐冲泡，冲泡七八次仍有香味。品饮“大红袍”茶，必须按“工夫茶”小壶小杯细品慢饮的程式，才能真正品尝到岩茶之巅的禅茶韵味。注重活、甘、清、香。

品鉴大红袍要从几个方面来观察：外形、汤色、香气、滋味、冲泡次数和叶底等多个方面。其中以香气和滋味这两方面为重点。

香气：香气清爽，吸入后，深呼一口气从鼻中出，若能闻到幽幽香气的，其香品为上。熟香型（足焙火）的茶以果香以及奶油香为上。清香型（轻焙火）的茶以花香及蜜桃香为上。

滋味：入口甘爽滑顺者美，苦、涩、麻、酸者劣。茶水无质感，淡薄者为下品。苦涩味的轻重往往决定岩茶品质高低。冲泡次数，通常为八泡左右，超过八泡以上者更优。好的茶有“七泡八泡有余香，九泡十泡余味存”的说法。

外形：干茶的外形色泽也可以作为品质鉴别的参考。通常要求外形匀整，条索紧结壮实，稍扭曲，色泽油润带宝色。陈茶则色泽灰褐。条形不完整或碎茶多的就差了。另外，茶叶的叶底也可以作为茶叶品质的参考，应软亮匀齐，叶底红边明显。

优质茶应具备：无明显苦涩，有质感（口中茶水感觉黏，有稠度），润滑，回甘显，回味足。

正因为大红袍具有独到的品质和特殊的药效，历史上大红袍就是历代帝王的贡茶。近年来更是连续多年获全国乌龙茶类金奖、首届中国国际茶博会金奖。国务院、文化部正式下文公布的首批国家级非物质文化遗产名录中，大红袍的制作工艺名列其中。大红袍制作技艺是手工技艺中唯一制茶工艺，被誉为“国之瑰宝”。

大红袍茶树
（来源：何荣财）

第四章

花卉文化

花，是天地之精华，是自然界最美丽的产物之一。花卉文化，源远流长，意大利诗人但丁在400多年前的不朽长诗《神曲》中这样写道："我向前走去，但当我一见到花,脚步就慢下来,……"可以想象,但丁在停下脚步赏花时的感觉，多么赏心悦目，多么心旷神怡，这种氛围让人心动。而在中国，被西方誉为"世界园林之母"的地方，爱花，更成为中华民族的优良传统，我国人民爱花、赏花、育花的历史，早于欧洲千余年。从古至今，上至皇亲国戚，下至平民百姓，从宫廷到民间，从乡村到城镇，虽然人们的文化素质，价值观念有所不同，但对花却都充满了无限的珍爱，爱花传统蔚然成风，代代相传，种花、爱花、赏花成为一种新的时尚。

花是文化之载体，它体现着中华民族的精神灵魂，因为花能代表人类的许多感情，如真挚的友谊，纯洁的爱情，崇高的敬仰。花能体现人类的许多精神，如坚忍不拔，傲然不屈，神圣贞洁等。花能象征人类的许多愿望，如幸福和平，自由独立，健康欢乐等，花与人们的生活融合在一起。花用来表达人的语言，感情或愿望，这就隐含了种种花语，不同的花用于赠送不同的人，在婚礼、葬礼、庆典、生日、纪念日等场合都离不开鲜花。花历来是文人舞文弄墨的基础，翻开中国的文学篇章，无数文人为花草树木所倾倒，创作了许多以花卉为题材的佳作，使自然中的花草呈现出特有的情趣和艺术魅力。以花卉为题材的歌赋、小说、诗词、散文、戏剧等文学形式的作品不可胜数，诗人咏花，面对芳苞艳蕊，发出无限的感慨。在他们的笔下，花是那样的艳丽，那样的华贵，那样的柔嫩，那样的清香，那样的圣洁，那样的脱俗，那样的隐逸……

第一节
中国花卉文化的内涵与特点

花卉以其姿色、风韵、馨香飨食人们，给人们带来美的享受。文人雅士通过花卉来感悟生命，把花卉作为美好事物的象征，并赋予其深刻的文化内涵，以花卉为载体，寄托人们的希望，于是就出现了以花卉为讴歌对象的诗词、故事、传记、记事、绘画、戏剧、音乐、雕塑、电视等文学表现形式，即出现了花卉文化。

一、中国花卉文化的内涵及发展

花卉文化，顾名思义就是花卉在发展过程中，与其他文化门类相互影响、相互补充、相互融合，形成的与花卉相互关联而又相对独立的文化现象和文化信息的总和。花文化无疑是一个国家和民族文化的组成部分，因此花文化的形成和发展也必然随着国家和民族文化的兴衰而起落。中国花文化从一出现起就深受中国绘画、书法、文学、艺术、造园工艺等传统文化艺术的影响并随之发展。

从考古遗迹中证实，在没有文字的原始社会，特别是在旧石器时代晚期，我们的远古祖先将大自然中美丽的花草树木引入生活中来，在粗制的石器上刻画各种花朵的纹样，甚至染上漂亮的颜色，用来美化生活，这可能就是中国花文化的最早表现形式。到新石器时代，绘画艺术、雕塑艺术以及建筑艺术上，有了花卉的形象、纹样和图案；公元前 11 世纪商朝甲骨文中，出现了花卉的记载，花指开花植物的花而言，卉则为各种草的总称。

战国时期在青铜器、画像上、丝织品上出现折枝花、凤鸟、神兽的图案纹饰，宫室庭院中广植花草树木，这些在《诗经》《楚辞》《礼记》等古籍中都有记载。这时花卉被赋予了感情色彩和象征意义，标志着中国花文化走向了一个新的发展阶段。

秦汉时期建立了统一的多民族封建帝国，统治阶级在各领域都以标榜忠、孝、节、义等封建伦理道德或以反映封建贵族生活、历史故事等为主题，以花卉为题材者不多。东汉墓室壁画，陶盆盆景，《咏蕙》《采芝歌》等咏花诗词，证实秦汉时期花卉文化的进步，出现了展现大自然美景和生机的花卉艺术作品，有了插花艺术的萌芽。

魏晋南北朝时期，是中国花卉文化的逐渐强盛的时期。这段时期由于生产力的发展，花卉的发展由以生产为主转向了以欣赏为主。汉代时，据《三辅黄图》记载，汉武帝于公元前 138 年重修上林苑，广种奇花异草，此时果树花木已在成都作为城市园林绿化的材料，并出现了规模可观的私有花园。晋代，西晋嵇含撰写的《南方花木状》中，记述了南方植物 80 余种。南北朝时期，园林建设日益兴盛。南朝宋元帝在南京建桑泊（今玄武湖），不仅湖光山色，交相辉映，而且盛栽荷莲，开花时节，红裳翠盖，一派山水盛景。北魏贾思勰著的《齐民要术》之书，比较详尽地介绍了园林树木的栽培技术，有些技术一直应用至今。

隋、唐和两宋时期中国花卉文化的发展进入昌盛和成熟阶段。隋代有名的隋炀帝在洛阳建西苑，广种奇艺花卉，《大业杂记》《玉梅》各有记载："辟地 100 公里为西苑，诏天下进花卉，仅易州进牡丹就达二十箱。"唐代是中国封建社会中期的全盛时代，花卉业也相当繁荣，花卉的种类、品种不断增加，花卉珍品多栽培在宫苑、私家园林和寺庙等游览之处。此时的梅花、菊花、牡丹等名贵花卉已东传日本。花卉的科技书籍、文学作品、工艺品和绘画以及盆景、插花等艺术品层出不穷。花卉专著有《园庭草木疏》《洛阳牡丹记》《本草图经》《扬州芍药谱》《菊谱》等。著名的花卉诗文故事、典故著作有：《全唐诗》《东坡集》《洛阳名园记》《艮岳百咏诗》《花三十客》《花十三友》等。著名的盆景、插花作品有：唐代罗虬的《花九锡》，宋代王十朋的《岩松记》，五代后蜀张翊的《花经》等。著名的花卉画家有：唐代的边鸾，宋代的李嵩、赵昌、宋徽宗赵佶等。

元代有关花卉的诗词书画名家有揭溪斯、王冕、李冶、朱希晦、谢可宗等。这时花卉画呈现出潇洒简逸的水墨写意新画风，插花花型增添了借花明志或浇愁解忧的心象花花型及放荡不羁的自由花花型，颇具新意。

明、清时期花卉栽培开始走入商业性生产并形成一定规模的生产基地，如北京丰台十八村、福建漳州和上海崇明岛的水仙、菏泽的牡丹、云南大理的杜鹃、福建永福的山茶等。花卉著作内容全面，科学性较强，有《群芳谱》《本草纲目》《长物志》《兰谱》《花镜》《广群芳谱》《菊谱》等。盆景艺术著作有《盆景》《盆景偶录》《素园石谱》等。插花艺术著作有《遵生八笺》《瓶花三说》《瓶花谱》《瓶史》《瓶史月表》《浮生六记》等。

清末至新中国成立前夕，花卉业基本停滞，花田几近荒芜。

新中国成立后，花卉业得到空前发展，花卉文化又呈现百花齐放的新局面。花卉成为社会重大节日和社交活动中必有之物，成为城市的象征和标志，成为大众娱乐活动的一部分，成为居家美化生活的一部分。

二、中国花卉文化的特点

1. 闲情文化

中国花卉文化，从本质上来说，是一种东方式的闲情文化——“莳花弄草”。林语堂先生曾经说过：“美国人是闻名的伟大的劳碌者，中国人是闻名的伟大的悠闲者”。中国人把养花叫“玩花”，这一个“玩”字，表明养花弄草是一种闲暇活动。文化本来就是空闲的产物。花文化更是在悠闲的玩花活动中形成的。中国人把花卉融入日常生活的方方面面，把它与中国的传统艺术门类结合起来，由此产生了颇富东方情调的中国花文化。

2. 多功能性

中国的花卉资源非常丰富，用途又极广泛，以至于在中国人现实生活的方方面面随时随地都能看到花的存在。据古籍记载，神农氏尝百草，使花草成为华夏民族取之不尽、用之不竭的食物和药物来源；同时人们心目中种种花草的形象，成了幸福、吉祥、长寿的化身；现实生活中人们的衣食住行、婚丧嫁娶、岁时节日、游艺娱乐等都离不开花，在民间社会中积淀成为民俗。花卉与中国绘画、文学等传统艺术门类之间的结合，使得中国花文化涵盖了诸多文化门类，不仅包括花卉食品等物质文化门类，也具有中国花卉画、中国花卉文学等精神文化特点。

3. 泛人文观

中国的文化，充满着泛人文主义色彩。泛人文主义的一个显著特征就是把世界上的一切事物都与现实人生联系起来。中国的花卉文化就具有这一明显的特征。人们认为，宇宙间三种活的生物——人、禽兽、花木，并无等级上的差别。他们都是天、地的产物。花木、动物和人类在生命形式这一本质上是一致的，所以，中国的文人士大夫非常严肃地把花木当作人一般的生灵对待，认为花木也和人一样有智有能。

花卉和中国文化相结合、发展是多方面的。它不仅与中国人的物质生活息息相关，还与中国的精美工艺相结合而向艺术化发展。凡此种种，都说明花卉是中国文化不可缺少的一部分。诚然，中国的花文化，貌似以“花”为中心，其深层实则是以人为中心的，否则，花就不可能转化为以人为中心的文化现象了。最典型的就是用花卉对人的品德进行品评。这类花卉在文学中通常被用来比喻道德的高尚纯洁以及称颂与其特征相似的一些道德品评。这类花卉主要有以下几类。

松柏：“岁寒，然后知松柏之后凋也”，把松柏的耐寒特性，比德于君子的坚强性格。松、竹、梅称为“岁寒三友”。竹：“不受霜雪，刚也；虚心而直，无所隐藏，忠也；不孤根以挺耸，必相依以林秀，义也；虽春阳气王，终不与众木斗荣，谦也……”。“五清图”是松、竹、梅、月、水；“五瑞图”是松、竹、萱、兰、寿石。

梅：在冬春之交开花，“独天下而春”，有“报春花”之称。

槐、楸：黄河流域的乡土树种。“国朝殿庭，唯之槐楸”；“槐花开，举子忙”，高贵、文化的象征。

杏：故人倍加重视的，《庄子•渔父》“孔子游淄帷之林，休作于杏坛之上，弟子读书，孔子弦歌鼓瑟。”杏成了讲学圣地的同义词。

梧桐：祥瑞之物，桐能招凤。

兰：是善，是君子。“与善人处，如入芝兰之室，久而不闻其香，则与之俱化，芝兰生于深谷，不以无人而不芳，君子修道立德，不为穷困而改节。”

第二节
花卉文化中的物质形态和精神形态

五千年的中华传统文化，创造了丰富灿烂的中国花文化，中国花文化成为东方文化宝库中的一颗璀璨明珠。它根植于中华沃土里，生长于大众生活中，并深得其他姊妹文化艺术的熏陶和影响而茁壮成长起来。中国花文化具有浓厚的传统文化基础，富有民族特色，内容广泛丰富，表现形式多姿多彩。概括起来，可分为物质形态和精神形态两个方面。本节内容主要介绍花卉文化在这两方面的具体表现形式。

一、花卉文化的物质形态

1. 花卉与食品

食花曾经是人类社会的一种普遍现象。随着社会发展，这一现象在一些国家消失，而在中国，则发展成为中华文化的组成部分。

食花历史悠久。两千年前，屈原“朝饮木兰之坠露兮，夕餐秋菊之落英”；《神农本草经》说：“菊服之轻身耐老”。唐代，人们把菊花糕、桂花鲜栗羹和木香花粥作为宴席上的珍品。宋代民间用花作菜蔬和食品就更广泛了，如林洪的《山家清供》所收入的山林风味食品就涉及梅花、菊花、桂花和文官花等。

此外，古代寺庙、庵观将四时鲜花摘下来，用以制作素馔斋芳的更是不胜枚举。常用的花卉有菊花、玉兰花、荷花等。花卉菜肴曾经传入皇宫，爱新觉罗•浩的《食在宫廷》，专门记叙了中国宫廷菜肴中“花卉鲜果蔬”一类。现在民间常见的花卉入馔也还有不少。如油菜花、韭菜花、洋槐花、杜鹃花等。

除了以花做菜，花还可以当食品的原料和佐料，如桂花、玫瑰花是糖果糕点的重要原料或佐料。菊花、蔷薇花、木香花、玫瑰花、茉莉花制成的花露，可以代茶饮用。还可以用花卉制作药膳。

2. 花卉与健康

在丰富的花卉资源中，有许多花卉具有药用价值，可以防病治病。一些已被收载于医药典籍中，被列为常用中草药；但是也还有相当多的花卉入药良方散于民间，或分载于有关医药书刊中。这里仅列举香花疗法和花卉疗法供大家参考。

（1）香花疗法

香花疗法指利用正在生长、开放的鲜花，根据病情选择不同的品种，或种植于庭园，或盆栽于室内，让病人密切接触，而发挥其康复作用。这与发达国家的“园艺疗法”颇为相近。

有关香花疗法的记载和应用的历史相当悠久。嵇康的《养生论》：“合欢濁忿，萱草忘忧”；晋代左贵滨的《郁金颂》记载：郁金，作为药物疗法，有行气解郁之功，用作香花疗法，更有悦目怡心之效；张子和的《儒门事亲》：“以兰除其陈气”；清代刘灏的《广群芳谱》：“知有芳香能解秽”，香花不仅调节神情，还能“除尘气”、“解秽”，有净化空气的作用。

（2）花卉疗法

根据不同的病情，在室内摆设不同的花卉，或指定病人多接触选定的花园，在园内观赏、散步、弈棋、看书等，每天1~2小时不等。据中医康复专家研究，鲜花的康复作用，主要是通过花的色、形、香气等作用于人的身心的。此外，鲜花草木还可以净化空气。

3. 花卉造景

花卉造景主要是应用在园林绿化、插花和花饰中。

（1）园林绿化

园林绿化主要有露地花卉、岩生花卉及草坪与地被植物三种类型。

①露地花卉　露地花卉是园林中最常用的花卉种类，以其丰富的色彩来美化园林，常布置成花坛、花境、花丛、花群及花台等；一些蔓性草花可以装饰柱、廊、篱垣及棚架等。

花坛一般多设于广场和道路的中央、两侧及周围，主要在规则式（整形式）

第八届常州花博会花坛
（李永武 摄）

布置中应用。多选用植株低矮、生长整齐、花期集中、株丛紧密而花色艳丽（或观叶）的种类，一般还要经常更换及移栽，多选用一二年生花卉。

花境是以树丛、树群、绿篱、矮墙或建筑物作背景的带状自然式花卉布置，是根据自然风景中林缘野生花卉自然散布生长的规律，加以艺术提炼而应用于园林。

·花丛及花群常布置于开阔草坪的周围，使林缘、树丛树群与草坪之间起联系和过渡的效果，也有布置于自然曲线道路转折处或点缀于小型院落及铺装场地之中。花丛与花群大小不拘，繁简均宜，株少为丛，丛连成群。

花台是将花卉栽植于高出地面的台座上，类似花坛而面积较小。设于庭院中或两侧角隅，也有与建筑相连且设于墙基、窗下或门旁的。

篱垣及棚架是根据草本蔓性花卉的生长较藤本迅速，能很快起到绿化效果的特点，将其用于篱垣、棚架、窗格、栏杆的掩饰与点缀。

②岩生花卉　借鉴自然山野悬崖、岩缝或石隙间野生花卉所显示的风光，在园林中结合土丘、山石、溪涧等造景变化，点缀以各种岩生花卉。在园林应用中，一般结合地貌布置，或专门堆叠山石以供栽植岩生花卉；也可以利用台地的挡土墙或单独设置的墙面、堆砌的石块留有较大的缝隙，把岩生花卉栽于石隙。另外，铺砌砖石的台阶、小路及场地，也可适当点缀。

③草坪与地被植物　在园林应用中，草坪与地被植物把树木花草、道路、广场、建筑、山丘及水面等要素，更好地联系起来，同时为游人提供了广阔的活动场地。根据草坪与地被植物在园林应用中的不同，可分为以下几种：观赏草坪、游憩草坪、体育运动草坪、固土护坡草坪及地被植物。

岩生萱草
（王邦富　摄）

（2）插花

不论草本或木本，都可切其供观赏的枝、叶、花、果，插入适当的容器，作为室内的陈设。插花是比较精致的花卉装饰品，事先对切花与容器的选择、姿态的构思、环境的协调，以及延长切花水养期的措施等都应考虑。插花的特点还在于制作及布置灵活、装饰性强，作短期装饰之用。比较常见的切花有月季、菊花、唐菖蒲、香石竹、非洲菊等。

（3）花饰

花饰是利用花对一些场所或者布景进行装饰，主要分为盆花和切花两种。

盆花是较大场所花卉装饰的基本材料，便于布置及更换，种类多样，又有持久的观赏期。常见的盆花种类有苏铁、棕榈、棕竹、万年青、君子兰、山茶、散尾葵、凤梨、竹芋、含笑、茉莉、仙客来、天竺葵、报春花、秋海棠、瓜叶菊等。

切花较盆花方便，常用作插花、花篮、花环、花束、扣花及其他装饰等。

第八届常州花博会插花
（李永武 摄）

第八届常州花博会盆花
（李永武 摄）

常见的切花种类有月季、非洲菊、鹤望兰、百合、菊花、香石竹、马蹄莲、郁金香、唐菖蒲、水仙等观花种类，苏铁、松类、常春藤、散尾葵、棕竹、文竹、蕨类植物、棕榈等观叶种类，还有山楂、火棘、枸骨、柑橘、南天竹等观果种类。

二、花卉文化中的精神形态

1. 花卉与文学

花卉与文学之间存在双向作用，两者之间相互依存相互促进。

（1）文学以花卉为描写对象

我国历代以花卉为题材的诗词歌赋、小说、戏剧等文学形式，多得不可胜数。在现代的诗歌、散文中，花花草草更是文人笔下的宠物，许多文人雅士亦因此而与花卉结下了不解之缘。在中国的花卉文学作品中，数量最大、成就最高的要数咏花诗词了。《诗经》《楚辞》借花草作为比兴寄托，但无以咏花为主的篇章；六朝时代，咏花诗正式出现。

咏花诗依所表现的诗境的不同层次分为四大类：

第一，表现感官感受的“物境”。白居易的《山石榴》、韦庄的《白牡丹》。

第二，咏花诗词的艺术境界由“物境”转为“意境”，在创作上追求表现审美主体心灵感受的“韵味”。陆龟蒙《白莲》“无情有恨何人觉，月晓风清欲堕时”，体现了一种特有的韵味，诗人借此表达芳洁自赏而又寂寞凄凉的心境。

第三，通过移情作用，将自身内心情感托之于花卉形象表达出来，构成咏花诗词的另一境界——“情境”。陈子昂《感遇》诗咏兰，以“岁华尽摇落，芳意竟何成”，寄寓时不我与之叹。

第四，主要表现“悟境”。贺铸《踏莎行》咏莲所云“当年不肯嫁春风，无端却被秋风误”；元好问《同儿辈赋未开海棠》“爱惜芳心莫轻吐，且教桃李闹春风”。此类诗词中花卉只是具有象征意味的原型意象，所表现的是诗人由物境引起内心触动后进而领悟到的人生哲理。

以花卉为题材的小说、戏剧作品也有颇多名篇佳作。如明代汤显祖《牡丹亭》，剧中以花名作为唱词问答；蒲松龄的《聊斋志异》中，很多主人公以花仙、花精的身份来塑造文学形象；曹雪芹的《红楼梦》，将花与人，花的环境与人的环境融合在一起。

花卉为什么从古至今一直会博得文人墨客的青睐？最根本的原因在于花卉本身，花卉不仅是美的象征，而且花卉是一种没有任何意念的自然之物，它可以承受人类赋予的任何思想和感情。借花卉题材，表达文学家对自己或某种现实生活的感受、思想、情趣，抒发自己特定的思想感情或寄寓特定的理想、愿望。

（2）花卉因文学的描写而出名或生辉

花卉美的特点被文学家所挖掘、加工、表现，美化成为文学美的对象。“疏影横斜水清浅，暗香浮动月黄昏”，“花开花落无间断，春来春去不相关”。

文学作品对花卉的题咏甚至可以主宰花卉的沉浮。如“花王”牡丹和“花相”芍药，“牡丹初无名，依芍药得名，故其初曰木芍药”《广群芳谱》，唐朝之后，文人题咏使牡丹后来居上，成为“花王”，而芍药屈居“花相”之位。

（3）花卉文学与花卉审美

文学作品加深了对花卉的审美层次，同时丰富了对花卉的欣赏内容。

文学给花卉以艺术的比拟和象征，赋予它们以“观念形态的意义”，给它以意识即情感、想象上的“人化”，从而使花卉美从由它的色彩、形态、香味、质地等自然特性构成的客观自然属性的美（第一层次的自然美）凝聚升华到主客观相统一的自然意态之美（第二层次的自然美），即通常所讲的“风韵美”。从而加深了对花卉的审美层次。

花卉草木为文学创作提供了丰富题材，而花卉在文人的笔下更具风采。

2. 花卉与绘画

（1）中国花鸟画

花卉是中国花鸟画广义的描绘对象，包括人们生活中所熟悉爱好的花木、禽鸟、昆虫、农作物和果蔬等。也有称作花卉、翎毛、草虫、蔬果等，一般通称为花鸟画。

中国很早就有人描绘花卉翎毛，但是直到春秋时代，花鸟画还只是用于衣裳、旗帜等实用品的装饰。秦汉到魏晋南北朝时期，花鸟画作者才稍多。唐代，中国花鸟画有了极大发展，不但画史记载中名家辈出，而且，在新疆阿斯塔那墓葬中出土了完整的花鸟屏风壁画，这说明花鸟画已成为宫廷和民间普遍欢迎的画种。

五代十国期间，南唐的徐熙和西蜀的黄筌，形成徐黄两大流派，是中国花鸟画成熟的重要标志。黄筌承袭晚唐“厚施色彩，崇尚逼真”的画法，形成了“皇家富贵”的风格。徐熙 的“落墨法”表达了不受拘束的逸趣，有“徐熙野逸”之说。

进入宋代，徐黄两大流派被加以承续和发展。黄居寀在其父风格的基础上，创“勾勒添彩法”，成为北宋画院的评画标准。徐崇嗣在“落墨法”的基础上，创造了“没骨法”。北宋文人兴起的“梅、兰、竹、菊”为题材的文人画，把中国的花鸟画推进到了“托物言志”阶段，这是中国花鸟画史上的一次飞跃。

元代水墨山水和墨竹、墨花有突出的发展。墨竹、墨梅为主，墨兰、墨菊为次，成为元代“墨戏画”的最主要题材。这为明、清写意花卉画的发展奠定了基础。

明代的花鸟画，虽然师承徐、黄二体，却能自出新意。徐渭创立了水墨大写意花鸟画，后经过明末的朱耷、原济，清代的郑板桥等人的发展和丰富，形成了近代大写意画的体派。明代中期，江南形成了以沈周为代表的吴派画风，周之冕等人创造了“勾花点叶法”，在状物写神的基础上丰富了花鸟画的表现技巧。扬州八怪多半以花卉为题材，笔恣墨肆，和当时的正统画风有所不同，被视为画坛的怪物。

清末，虚谷、赵之谦、吴昌硕等花卉画家相继而起，对写意花卉画的发展均做出了新的贡献。清朝以后，中国画坛上涌现出如齐白石、潘天寿、李苦禅、张大千等画像，都创造性地发展了中国传统的花卉画。

（2）花卉画的画法

中国花卉画的表现技法主要有两类，即勾勒法和没骨法。

勾勒法，通常理解勾为顺笔，勒为逆笔，即一顺一逆，一来一往地用墨笔勾勒形象，称为双勾。常用于工笔花鸟画。着色叫勾勒填色，不着色叫白描。

没骨法，不用墨线勾勒，而直接用彩色或水墨来点染形象。没骨又分工笔、写意。工笔多用于晕染，写意多用于点缀。

这两类技法，虽区别明显，但在同一幅画上，往往兼勾带点或半工半写，可视需要而交错运用，不拘一格。对于具体的画法要从枝干、叶片、花朵和点缀物四个部分下手。

（3）花草图案

我国传统花卉组合图案主要是寄予了人们的美好愿望。如象征着玉堂富贵的玉兰、海棠、牡丹组合，主要是用于赞美府第辉煌富贵；灵芝仙草和一盆万年青组合取义为万事如意。芙蓉、桂花、万年青组成的组合代表着富贵万年；喜鹊登梅即喜鹊立于梅梢，意为喜上眉梢；荷花与梅花的组合表示和和美美；大象托着一盆万年青代表万象更新；莲花和鲤鱼组合是连年有余的祝福；花瓶和月季组成的寄语是四季平安，等等。

3. 花卉与宗教

在中国最早的、或说最原始的宗教——自然崇拜中，花草树木便成为其崇拜的对象之一。到了两汉时代，中国宗教进入了一个新的历史阶段，这一时期，不仅产生了中国本土的严格意义的宗教——道教，印度佛教也传入中国。魏晋南北朝时期，道、释两教竞相发展。隋唐五代时期，道教发展到了一个新的阶段，佛教也完成了中国化的过程。以后，特别是在唐朝，由于历代帝王的提倡，中国佛教达到了登峰造极的地步。佛教文化已成为中国文化的一个重要组成部分。

（1）道教与花木

中国的道教，带有浓厚的万物有灵论和泛神论的色彩。道生神，道生万物，故道教衍生出“神”亦无所不在的信念。花神，如今在南京、苏州等地，还有“花神庙”。

在中国花卉史上，为了溢美某一种名花，人们还创造出各种的花神花仙，如“牡丹仙子”。在道教宫观里，草木葱茏，香花处处，环境清幽，往往成为香花疗养的圣地。在留存至今的道教宫观中，一些建筑上也雕刻有花卉图案，如荷花、菊花、梅花等。

（2）佛教与花木

花木与佛教的关系似乎比道教更为密切。莲花可以说就是佛教的象征。释迦牟尼降生前，莲花盛开，后来释迦牟尼传教说法时，坐的是“莲花座”。佛教经典《妙法莲华经》（《法华经》），因为用莲花喻佛所说教法的清净微妙而得名。

佛教中还有四大圣树之说，这四大圣树是茉莉、瑞香、忍冬（金银花）和石榴。

4. 花卉与民俗

（1）花卉与节日时令

花草的实际功用，与人们的衣食住行、婚丧嫁娶、岁时节日、游艺娱乐等发生了密切的关系，久而久之，就在民间积淀成为民俗。

春节与年花：蜡梅、水仙；鲜切花有菊花、唐菖蒲、月季、康乃馨等。

端午节与花草：吃粽子，插艾草。

中秋节赏桂：“嫦娥奔月”、“吴刚伐桂”。

重阳节：插茱萸，赏菊花。

（2）花卉与礼仪

自古以来，中国的民俗就有春天折梅赠远，秋天采莲怀人的传统。在古典诗歌中写芳草赠人题材的也很多，《诗经》“维士与女，依其相虐，赠之以芍药”，《九歌》“采芳洲兮杜若，将以遗兮下女”等。在漫长的历史中，中国人对于各种礼仪场所的用花也产生了一定的习俗。一般都于节日或庆典之际取时令花材插瓶，渲染节日气氛，如春节常以金黄的蜡梅和红果累累的南天竹，象征锦上添花。在哀悼的场合，以白色系为主，再配以蓝色或紫色较沉默的花朵，有时也可以加上黄菊花。平日送给亲朋好友的鲜花，必须是对方喜爱的花卉，配合季节选取时令花材。

（3）花市与花会

在广州各地举行的花市中，以广州的迎春花市最负盛名。花市自腊月二十八开张，历时三个昼夜，除夕夜达到高潮。

1999 年以来，由农业部、国务院台湾事务办公室、国家林业局和福建省人民政府共同主办的海峡两岸花卉博览会，已经连续在福建漳州成功举办 14 届。

最近的2013年花博会即第十四届海峡两岸花卉博览会突出漳州元素。将土楼、骑楼、牌坊等漳州人文元素融入花卉展区实景造型中，展示两岸精品花卉500多种。

其他还有菏泽的牡丹节、洛阳的牡丹节、重庆万花赛花会、藏族的看花节等。

5. 花卉与音乐

（1）音乐中的花卉

我国歌曲艺术在原始社会时期就已经形成和发展了。早期歌曲往往和劳动生产相结合，内容以反映劳动生活为主。此后，在我国歌曲艺术经历的诗经、楚辞、乐府、绝律诗、词曲等各个不同体制的发展和演变阶段，都留下了无数以花卉为题材的优美篇章。如在我国北方流传的传统小调《对花》《茉莉花》《梅花三弄》《雨打芭蕉》等。

（2）花卉中的节奏与韵律

节奏，指音响运动的轻重缓急，其中节拍的强弱或长短交替出现，而合乎一定规律。韵律，诗歌中的声韵和节律。诗歌中音的高低、轻重、长短结合，均匀地间歇或停顿，一定地位上相同音色的反复出现，以及句末或行末利用同韵同调的音相和时，构成了韵律。园林中指相同景物的反复出现，如花木的高低变化、花卉图案的变化等。

第三节
中国十大花卉鉴赏

1986年由《大众花卉》率先发起评选十大名花活动，随后上海文化出版社和上海园林学会《园林》杂志编辑部、上海电视台“生活之友”栏目也联合举办了中国十大名花评选。旨在了解最受人们喜爱、最能代表中国的花文化，反映中国的花卉产业的发展历程以及民族精神的花卉种类。当时列出了评选中国十大传统名花的两个条件：一是原产中国或在中国具有400年以上的历史；二是观赏价值高，在园林中具有重要位置。 评选出中国南北十大名花。南方十大名花：梅花、牡丹、菊花、兰花、月季、杜鹃、山茶、荷花、桂花、中国水仙；北方十大名花：牡丹、月季、梅花、菊花、杜鹃、兰花、山茶、荷花、桂花、君子兰。下面依次介绍。

一、梅花鉴赏与文化

梅花：花中君子（花魁）。花语为坚强和高雅。

梅花原产我国。古人最早对梅的注意并不是它所开的花，而是它结有酸果。《尚书》载："若作和羹，尔惟盐梅"。《诗经·摽有梅》记载"抛梅求婚"的民间故事。对梅花的爱赏，可以追溯至先秦。南朝刘宋时陆凯："折花逢驿使，寄与陇头人；江南无所有，聊赠一枝春。"

春秋时期野梅已引种驯化成家梅。到汉代，单是皇家著名的上林苑就有朱梅、紫花梅、紫蒂梅、同心梅、侯梅等名目，这些梅花异种属于珍贵的观赏木范畴，食用价值退居其次。千百年来，梅花品类日繁，范成大《梅谱》、王象晋《群芳谱》、陈淏子《花镜》，难以寻检统计。

周瘦鹃认为"自该推绿梅为第一"。不过，从常见色来说，梅花以红、白二色名世。韩偓"冻白雪为伴，寒香风是媒"；王安石"遥知不是雪，为有暗香来"；高启"雪满山中高士卧，月明林下美人来"。

古人赞赏梅花，除了色香外，还特别注重其枝姿的美和韵味。明代陈仁锡在《潜确类书》中提出"梅韵四贵"，"梅有四贵：贵稀不贵繁；贵老不贵嫩；贵瘦不贵肥；贵含不贵开。"林逋："疏影横斜水清浅，暗香浮动月黄昏"。林逋爱梅成癖，人称"梅妻鹤子"，隐居杭州西湖孤山，日日与梅林相伴，可

梅花（王邦富　摄）

谓乐得其所，深切体味出梅花的韵致。

玩花弄草，要讲究情境，这又是国人独到的造诣。宋人张镃《梅品》中列举26种宜与梅花相映衬的幽境雅物：淡云、晓日、薄寒、细雨、轻烟、佳月、夕阳、微雪、晚霞、珍禽、孤鹤、清溪、小桥、竹边、松下、明窗、疏篱、苍崖、绿苔、铜瓶、纸帐、林间吹笛、膝上横琴、石枰下棋、扫雪烹茶、美人淡妆簪戴，反映当时人们的审美情趣。

梅于南北朝时“始以花闻天下”。自刘宋鲍照首开咏梅文人诗的先河之后，梅花芳名大振，咏梅之风亦由此长盛不衰。历史上流传与梅花有关的故事有：南朝宋武帝的女儿寿阳公主的“梅花妆”、梁诗人何逊、宋人林和靖。

宋代起，画梅大家多了起来。杨无咎、赵孟坚、王冕。

大致说来，两宋之际是梅花显贵的分水岭：北宋牡丹称雄，南宋则梅花居尊。随着政治中心的南移，南宋时期，梅花成为“天下尤物，无问智贤愚不肖，莫敢有异议。学圃之士，必先种梅，且不厌多。他花有无多少，皆不系重轻。”（范成大《梅谱》）。人们并开始称它为“花魁”，取其“向暖南枝最是他潇洒，先带春回”（卢炳《汉宫春》词），有先天地而春、管领群芳之意。从此，梅花的地位居高不下。

我国是梅花的故乡，赏梅胜地极多：南京梅花山、苏州邓尉山和元墓、浙江超山、无锡梅园、杭州孤山、上海莘庄公园……

二、牡丹鉴赏与文化

牡丹：花中之王。花语为富贵吉祥、繁荣昌盛、诚实。

绽放的牡丹（李跃进　摄）

牡丹群芳（李跃进　摄）

牡丹原产我国，是一种较耐寒的花木，南北各地均有分布，而以江淮流域的栽培最为适宜。欧阳修提到："洛花以谷雨为开候"，洛花即指洛阳牡丹。故牡丹又有谷雨花俗名。只是从唐代开始，牡丹才被视为奇赏，此前名声并不显赫。

关于牡丹的初名，今学界多以为称"木芍药"。其实牡丹最早是作为药物见载于秦汉时代《神农本草经》中，即关于"丹皮"的介绍。直到东汉张仲景在《金匮要略》一书中记录的"大黄牡丹汤方"，出现牡丹一名。可见，"牡丹"一名早在东汉即已出现。

南北朝时期，牡丹进入观赏领域。也就是从这一时期起，牡丹作为观赏植物，开始人工栽培。牡丹的审美价值体现在它具有非凡的美艳状貌与气质，而这一切又有赖于许多代花工艺匠长期精心地选种、培育。王应麟："隋炀帝辟地二百里为西苑，诏天下进花卉。"牡丹在隋炀帝时"发迹"，进入宫廷，但只是群芳中的"一枝"，尚未获得后来的荣宠；牡丹真正的大繁荣局面出现在唐宋时代。

唐代，牡丹首先受到皇帝的青睐。高宗皇帝召聚群臣宴赏双头牡丹。武则天下令将家乡的牡丹佳品移植内廷。玄宗与杨贵妃乘夜游赏沉香亭前牡丹，李白："云想衣裳花想容，春风拂槛露华浓。若非群玉山头见，会向瑶台月下逢。一枝红艳露凝香，云雨巫山枉断肠。借问汉宫谁得似？可怜飞燕倚新妆。名花倾国两相欢，长得君王带笑看。解释春风无限恨，沉香亭北倚栏干。"唐文宗还专门打听在京城传唱的牡丹诗中，谁的诗为第一，得到的回答是，中书舍人李正封，句有"国色朝酣酒，天香夜染衣"，从此，牡丹有"国色天香"美誉。

帝王的知遇，朝野的推崇，令牡丹身价扶摇直上。"近来无奈牡丹何，数十千钱买一颗"（唐代柳浑）。"此物疑无价，当春独有名"（唐代裴说）。

北宋时期，牡丹有"花王"之称，培植中心则由长安移至洛阳。洛阳牡丹甲天下。欧阳修《洛阳牡丹记》、周师厚《洛阳花木记》和《洛阳牡丹记》、李格非《洛阳名园记》有专门记述。

南宋，虽有梅花后来居上，毕竟花期各有所限，你占你的春消息，我候我的养花天，每至暮春，牡丹开处，观者云集。明清二代，牡丹先后在亳州、曹州兴起，盛况不减前朝。

三、菊花鉴赏与文化

菊花：花语为孤标亮节、高雅傲霜。

菊花（李永武 摄）

菊花原产我国。《礼记》载："季秋之月，鞠有黄华。"《山海经》记载："女儿之山，其草多菊。"《埤雅》："菊本作蘜，从鞠，穷也"，一年花事到菊花开后就穷尽了。

夏、商、周三代以前，作为野生种的菊花尚未引起人们的特别注意，到了战国时期，才有根本改观。屈原作品首次为菊花价值作了两方面的提示：一是在审美方面，《离骚》"春兰兮秋菊，长无绝兮终古"。将菊花与他作品里再三受到推崇的幽兰并列起来加以礼赞。二是食用方面，《九歌》"朝饮木兰之坠露兮，夕餐秋菊之落英。"秦代以后，以菊花为食的记载多了起来。《神农本草经》："菊花久服利血气，轻身，耐老延年。"重阳节的主要风俗内容"佩茱萸、食蓬饵（菊糕）、饮菊酒"。

菊花有观赏菊与食用菊之分。宋代景焕《牧竖闲谈》中说："真菊延龄，野菊泄人。"今日真菊，据现代烹饪专家聂凤乔先生研究，是指菊花涝（脑），有可能就是当年之甘菊。

可能最初只是基于其食用和药用的价值，人们开始菊花的种植，因野外的采摘既分散又量少，不能满足社会生活的需求。而人工种植，通过精心的护理、选育，更新了菊花的品种，变得美丽动人起来。魏人钟会《菊花赋》中称赞菊花有五德："圆华高悬，准天极也；纯黄不杂，后土色也；早植晚登，君子德也；冒霜吐颖，象劲直也；流中轻体，神仙食也。"

晋代陶渊明爱菊，曰"采菊东篱下，悠然见南山"、"秋菊有佳色，浥露掇其英"、"芳菊开林耀，青松冠岩列"。一经陶诗品题，名声大振，东篱成了陶渊明和秋菊的代名词，陶渊明也成了热爱菊花的代表。

从文献上看，魏晋以前，菊花似只有黄色一种，故它常被人们称为黄花，这是使用得最为普遍的别名，尽管后来菊花经过长期的自然选择和人工栽培，出现了各种不同的花色品种。北宋出现第一部菊花专著《菊谱》，作者刘蒙。此后，有史正志《菊谱》、范成大《范村菊谱》、沈竞《菊谱》、史铸《百菊集谱》、杨维桢《黄华传》、王象晋《群芳谱》、陈淏子《花镜》等。

古代，菊花常见的是秋季开花，因称秋菊。然而随着菊艺的发展，菊花的种类越来越多，习性也有了很大变化。而今，无论春菊、夏菊、秋菊、冬菊以及五月菊、六月菊、七八月菊、九月菊都已是常规的栽培品种，而且我国南北温度差异大，菊花的花期更是前后不同，再加上通过人为的控制日照、气温和湿度等方式，花期可提前或延缓。唐代黄巢《题菊花》诗："飒飒西风满院栽，蕊寒香冷蝶难来。他年我若为青帝，报与桃花一处开。"艺术上的这种浪漫主义想象，作者当时可能并不当真，然而经过千百年园艺上的培养改造，这一想象竟已成为现实。

人们赞叹菊花的美，赞叹它遗世而独立的风姿，当万木萧疏、群芳凋谢的金秋时节，唯见它凌霜不惧，傲然独放，人们因此赋予它许多人格化的崇高品节，如高洁、傲岸、超拔、隐逸、幽独、清奇、素雅、冷艳、刚毅、坚贞、无畏等，在它身上寄托了人们的美好愿望和理想，在诗词、歌赋、散文中常见歌咏。朱淑真《菊花》："宁可抱香枝头老，不随黄叶舞秋风。"

四、兰花鉴赏与文化

兰花：天下第一香。花语为淡泊、高雅。

国兰：我国兰花大多是地生兰，主要产于我国，故地生兰又被称为中国兰。它包括农历正月前后开的墨兰，正月至二月开的春兰，三至四月开的蕙兰（夏兰），六至八月开的建兰（秋兰），九至十月开的寒兰等，有上千种园艺品种。花小、少，色清雅不艳，幽香、淡雅、朴实、含蓄。

兰花（王邦富 摄）

洋兰：泛指除了国兰外的兰花，其实并非全部原产西洋。常见的有：卡特兰属、兜兰属、石斛属、大花蕙兰、蝴蝶兰属、文心兰属等，讲究花型花色，大多是附生兰，多附生在树干、枝条、岩石上，有空中花卉之称。栽培需较高的温度和湿度，是当今世界上流行的花卉。

朱国桢《涌幢小品》载："梓为百木之王，牡丹为百花之王，葵为百蔬之王，松为百木之长，桂为百药之长，而兰则为百草之长。"

兰以香名世。群芳谱中，芳香型的花卉是很多的，诸如梅花、茉莉、玫瑰、栀子花、夜来香、玉兰、桂花、水仙等，都很出名。然而兰花之香，自古以来被认为是众花之冠。早在春秋初期，兰花已有"国香"之称，《左传》记载："以兰有国香，人服媚之如是。"宋代黄庭坚："兰之香盖一国，则曰国香。"此外，兰还有"王者香"、"香祖"、"第一香"等别号。

东汉蔡邕《琴操》的"王者香"记载"夫兰当为王者香，今乃独茂，与众草为伍，譬犹贤者不逢时，与鄙夫为伍也。"本意是"兰应当为王者提供香气"，即兰花应该是国君欣赏的高级花卉，是为自己将来应该当上宰相、辅佐国君的角度设喻的。但在后来的兰学著作中，被改为说孔子称兰为"王者之香"，以示兰花幽贞雅淡，芬芳袭人。

兰香至少有两大特点：一是氛氲浓郁，却烈不刺鼻。二是溢荡悠长，具有很强的穿透力。古人视兰香为"幽香"，进而称兰为"幽兰"，即与此有关。上述两个特点，缺一不可，唯同时集于一身，方能造就出兰花的不世之香。瑞士化学家凯塞博士《兰香》著作，阐述兰香所含有的上百种微量化学成分的逻辑组合关系。

古代，"兰"字又指一种属于菊科的多年生香草，别名"蕑"，这是在旧籍中最易发生混淆的两种植物。《诗经》载：士与女，方秉蕑兮。据宋代大学者朱熹《离骚辩证》分析："古之香草，必花叶俱香，而燥湿不变，故可刈佩。今之兰蕙，但花香而叶乃无气，质弱易萎，不可刈佩，必非古人所指甚明。"朱熹运用的是逻辑的方法，他抓住菊科的兰草"蕑"有枝梗，而兰科的兰花无枝梗的特征，推论前者可以刈和佩，而后者则谈不上刈佩，这就提供了一个分析前人在不同场合所说的兰究竟为何物的依据。

例如，《春秋传》讲"刈兰而华"，《楚辞》讲"纫秋兰以为佩"，指的都是兰草而非兰花。明人李时珍就接受了这个观点，《本草纲目》："《离骚》言其绿叶、紫茎、素枝，可纫、可佩、可藉、可膏、可浴；《郑诗》言士女秉蕑；应邵《风俗通义》言尚书奏事，怀香握兰。《礼记》言诸侯执薰，大夫执兰；《汉书》言兰以香自烧"所提到的兰，均为兰草，具有多种实用和疗疾功效，绝不是兰花所能混误取代得了的。这些辨析，其中利用了药物学的知识。

约战国时期，古人开始人工栽种兰花。屈原《楚辞·离骚》记载："余既滋兰之九畹，又树蕙之百亩。畦留夷与揭车兮，杂杜衡与芳芷。冀枝叶之峻茂兮，愿俟时乎吾将刈。虽萎绝其亦何伤兮，哀众芳之芜秽。”南宋张淏《宝庆续会稽志》载：“勾践种兰渚山”。

兰又不单以香而见胜。人们在与兰花的亲近熟悉过程中，逐渐领悟到，“世称三友，挺挺花卉中，竹有节而啬花，梅有花而啬叶，松有叶而啬香，唯兰独有之。”一家之言，大可不必与之计较。

爱兰成癖的观兰家明人张子薪认为，兰是文人的花。兰有君子之德，人们便将兰花称为君子。画家爱将梅、兰、竹、菊并列。

人们爱兰、崇兰、育兰、颂兰，因为它芳香自许，姿态高雅，德操特立，一向是庭院居室中珍贵的观赏花卉，给人以审美意义上和精神上的愉悦、慰藉和享受。

五、月季鉴赏与文化

月季：花中皇后。花语为幸福、光荣、美艳长新。

蔷薇科常绿或半长绿直立短灌木，花期漫长。宋代宋祁《益部方物略记》谈到蜀地月季花时说：“此花即东方所谓四季花者，翠蔓红花，蜀少霜雪，此花得终岁，十二月辄一开，花亘四时，月一披秀，寒暑不改，似固常守。”长开不衰的特点：“只道花无十日红，此花无日不春风”（宋代杨万里）；“花开花落无间断，春来春去不相关”（宋代苏东坡）；“一从春色入花来，便把阳春不放回”（宋代徐积）；“一枝才谢一枝妍，自是春工不与闻。纵使牡丹称绝艳，到头荣悴片时间”（宋代朱淑真）。

月季（李跃进　摄）

月季（李跃进　摄）

直至明代李时珍《本草纲目》止，这500多年间，月季几乎无变化，基本上是红色花瓣，青茎长蔓。月季不靠品种上的变异，而是以它天然的美艳，迷倒了不少人，如北宋徽宗皇帝赵佶。

月季红苞逐月，四时长春，且花容娇艳，香味浓郁，集这些优点于一身，世间之花几无比拟。宋代陈景沂浩叹："天下风流月季花！"这是一个新颖别致的品评，也是有史以来此花所赢得的最高称誉。后世文人赞同这一说法。清代孙星衍："才人相见都相赏，天下风流是此花。"

月季原本只有不多的数种，大约到了清代，由于园艺家运用改进了的变种之法，月季的品种才越变越多。当时月季的上佳品类有：蓝田璧、金鸥泛绿、虢国淡妆、赤龙含珠、六朝金粉、水月妆、晓风残月、姣容三变、银红牡丹、国色天香、飞燕新妆等。

早在宋代，月季花由我国经海路传至印度、斯里兰卡，以至后来的全世界，在国外有"花中皇后"美称。据统计，全球的月季花现已有 16 000 个品种以上。

英国著名月季专家格莱斯在《月季种植大全》中提到："在当今月季的血统里，一半是中国的血液。"

六、杜鹃花鉴赏与文化

杜鹃：花中西施。花语为爱的喜悦。

李白《宣城见杜鹃花》诗："蜀国曾闻子规鸟，宣城还见杜鹃花。一叫一回肠一断，三春三月忆三巴。"后世写诗，多引用杜鹃啼血滴而成花的典故，多见红色杜鹃花。

杜鹃花（张春英 摄）

杜鹃花花色丰富。古人最早记述的杜鹃花是黄色的，其名羊踯躅。杜鹃花是杜鹃花科杜鹃花属常绿、半常绿乔木或落叶灌木，花色除了红、紫、黄、白外，还有淡蓝、浅绿等色，春夏两季开花。全世界有800余种，主产于中国、菲律宾、印度尼西亚等地，而中国就独占650余种。今天，除新疆、宁夏以外，各地都有野生分布，而贯穿滇、藏、川的横断山脉一带，种类最为集中，是全世界杜鹃花属植物的分布中心。

大约到了唐代，野生杜鹃花才被引种到城市中，并引起世人尤其是文人的注意。李白《宣城见杜鹃花》、唐朝宰相李德裕《平泉山居草木记》中说它于“己未岁又得……稽山之四时杜鹃。”白居易对杜鹃花的热忱《山石榴寄元九》：“九江三月杜鹃来，一声催得一枝开。江城上佐无闲事，山下劚得厅前栽。烂漫一栏十八树，根株有数花无数……日射血珠将滴地，风翻火焰欲烧人。闲折两枝持在手，细看不似人间有。花中此物是西施，芙蓉芍药皆嫫母。”从此，杜鹃花便争得美名“花中西施”，传诵至今。”《喜山石榴花开》诗：“忠州州里今日花，庐山山头去年树，已怜根损斩新栽，还喜花开依旧数。”还有《山石榴花》《戏问山石榴》《题孤山寺山石榴花》《山石榴花十二韵》《玉泉寺南三里涧下多漫红踯躅繁艳殊常感惜题诗以示游者》。

古代，杜鹃产地以蜀中较为出名。到明代，《草花谱》作者高濂仍认为：“杜鹃花出蜀中者佳，谓之川鹃。花内十数层，色红甚。”花瓣堆叠，色红如血，特色鲜明，号为“川鹃”。此外，还有浙江宁波的四明杜鹃、四时杜鹃等。经过现代植物学家调查，已知我国的杜鹃花长江以南种类较多，长江以北则很少，而以云南最多，西藏次之，四川排第三位，距此中心越远，种类相应递减。明清时期，有关云南杜鹃的介绍开始多起来。

七、山茶花鉴赏与文化

山茶花：花中珍品。花语为可爱、谦让、理想的爱。

山茶原产我国南方，大约在隋唐时期，山茶已由野生进入人工栽培。段成式《酉阳杂俎》载：“山茶似海石榴，出桂州，蜀地亦有。山茶花叶似茶树，高者丈余，花大盈寸，色如绯，十二月开。”唐代初年，日本便从我国温州等地引进了山茶的品种。山茶花多为红色，有浅红、深红、紫红等，唐人所见所赞不能越此范围。

自宋代起，栽培山茶之风更盛，品种日见繁多。吴自牧《梦粱录》中透露南宋临安引种培育的山茶品种有“磬口茶”、“玉茶”、“千叶多心茶”、“秋茶”等。吟颂白山茶花的诗文增多，如曾巩《以白山茶寄吴仲庶》、范成大《玉茗花》、

东南山茶花
（王邦富　摄）

黄庭坚《白山茶赋》等。山茶异品，吴自牧《梦粱录》记载："东西马塍色品颇盛，栽接一本有十色者，有早开，有晚发，大率变物之性，盗天之气，虽时亦可违……顷有接花诗：'花单可使十色黄，果夺天之造化忙'。"

宋元以来，品种之多，品名之雅，难以胜计。山茶花大形胜，雍容华贵，有牡丹之姿，却始开于初冬，这与牡丹迥然有别。故人们夸它："腊月冒寒开，楚梅犹不奈"（宋·梅尧臣）。花期漫长，连开数月，陆游："唯有山茶偏耐久，绿丛又放数枝红。"曾巩："山茶花开着未归，春归正值花盛时。"清初李渔《闲情偶寄》大赞山茶花："花之最不耐开，一开辄尽者，桂与玉兰是也；花之最能持久，愈开愈盛者，山茶、石榴是也。然石榴之久，犹不及山茶。榴叶经霜即脱，山茶花戴雪而荣，具松柏之骨，挟桃李之姿，历春夏秋冬如一日，殆草木而神仙者也。"

山茶中以云南山茶风韵最胜。冯时《滇中茶花记》载："茶有数绝：一、寿经三四百年，尚如新植；二、枝干高竦四五丈，大可合抱；三、肤纹苍润，黯若古云气罇罍；四、枝条黝纠，状如麈尾龙形；五、蟠根轮囷离奇，可凭而几，可藉而枕；六、丰叶森沉如幄；七、性耐霜雪，四时常青；八、次第开放，历二三月；九、水养瓶中，十余日颜色不变。"基本把它的优点概括了出来。

八、荷花鉴赏与文化

荷花：花中仙子。花语为坚贞纯洁。

莲属有两个种：一是荷花，原产中国，也称中国莲，花粉红色；一是美洲黄莲，花黄色，原产美洲。

清人李渔《闲情偶记》："是芙蕖也者，无一时一刻，不适耳目之观；无

荷花（王邦富　摄）

一物一丝，不备家常之用者也。有五谷之实，而不有其名，兼百花之长，而各去其短。种植之利，有大于此者乎？”

荷花的中心原产地在中国，即河姆渡文化遗址和仰韶文化遗址。

荷花很早见于载籍。《诗经》记载：“彼泽之陂，有蒲有荷”、“山有扶苏，隰有荷华”。春秋时期，吴王夫差的玩花池、汉代御苑桂台以北的淋池、三国魏宫的芙蓉园池、西晋东宫的玄圃池、南朝乐游苑的御池、隋东都洛阳西苑的御池、唐长安大明宫的太液池、宋元丰年间落成的掖庭水殿、元代的上苑海子、明清时西苑三海、颐和园昆明湖、圆明园福海及承德离宫避暑山庄御池等，均栽有荷花。

值荷花开放之时，文人们往往将它与对镜的佳人、出浴的美女、凌波的仙子作比，如比之于西施、杨玉环、洛神、娥皇、女英、毛嫱、卓文君、大乔、小乔、湘妃、姑射神女、华山仙子、麻姑、嫦娥、龙女、水宫仙子等。

荷花全身各部位有不少专名。中国古代的第一部词典《尔雅》释云：荷茎称“茄”，叶称“蕸”，花称“菡萏’，根称“藕”，藕芽称“蔤”，莲蓬称“莲”，莲子称“的”，莲心称“薏”。荷的全身都是宝，除了可供观赏外，藕、莲蓬、莲子、莲叶甚至莲花皆可食用。

作为可食用的重要经济作物，江南一带每年农历六七月的莲子、八月的莲藕成熟之日，荷农就要泛舟采莲子，成了夏秋时节民间的一大景观。欧阳修《蝶恋花》：越女采莲秋水畔。窄袖轻罗，暗露双金钏。照影摘花花似面。芳心只共丝争乱。鸂鶒滩头风浪晚。露重烟轻，不见来时伴。隐隐歌声归棹远。离愁引著江南岸。人们爱莲，竟发奇想，说荷花生于农历六月二十四，当然毫无根据，不过老百姓却信以为真。清朝的苏州，每逢是日，苏州仕女倾城而出，画船箫鼓，竞于葑门外二里许的荷花荡，以观荷纳凉、给荷花祝寿。顾禄《清嘉录·荷花荡》中有描写："是日，又为荷花生日，旧俗，划船箫鼓，竞于葑门外荷花荡，观荷纳凉。"沈朝初《望江南》词："苏州好，廿四赏荷花。黄石彩桥停画鹢，水晶冰窖劈西瓜。痛饮对流霞。" 这一民间风俗旧时盛行江苏水乡，在南京这一民俗一直延续到 20 世纪初。

九、桂花鉴赏与文化

桂花：九里飘香。花语为收获。

桂花又名木犀、岩桂、九里香、金粟，而以其中的木犀一名最有讲究。张邦基《墨庄漫录》中说："木犀花江浙多有之，清芬沤郁，余花所不及也。一种色黄，深而花大，香尤烈；一种色白，浅而花小者，香短。清晓朔风，香来鼻观，真天芬仙馥也。湖南呼九里香，江东曰岩桂，浙人曰木犀，以木纹理如犀也。然古人殊无题咏，不知旧何名。故张芸叟诗云：'伫马欲寻无路入，问僧曾折不知名。'盖谓是也。"从这段话中可以看出，木犀原是浙地俗称，后来人们才知道当地人说的木犀就是桂花。而到张邦基时代，木犀已是桂花的通用别名了。今天，我们是以桂花为正名的，而在古代，桂花多简称为桂（目的是区别于樟科常绿乔木"肉桂"。肉桂又称菌桂、牡桂、玉桂、筒桂、管桂、椒桂，夏季开小白花，树皮、树枝可入药）。不过，桂的这个区别，在古代常常弄不太清。李时珍《本草纲目》将桂花（岩桂）隶于樟科的菌桂之下是错误的。直到清初《广群芳谱》方有准确分辨。

桂花最早也是最闻名的用途是入酒。《楚辞》："蕙肴蒸兮兰藉，奠桂酒兮椒浆。"这桂酒，据王逸注就是切桂花置于酒中制成。它常作为奉神的祭祀品受到历代统治者的重视。例如，唐代郊庙歌辞中，《武后太享昊天乐章》有"兰羞委荐，桂醑盈斟"的祭祀仪式，所云"兰羞"即佳肴，"桂醑"即桂花酒。

丹桂（王邦富 摄）

桂花按中医药理而言，辛温无毒，能生津辟臭化痰，治风虫牙痛，制酒饮用，有益于健康。但后来有神化的倾向。

汉武帝时，重建上林苑，苑中种有进献的桂花树 10 株，此为庭园栽培之始。东汉班固《汉书・郊祀志下》载汉武帝造桂馆。在神话传说中，桂花最后升格为一株天上长生不老的仙树。唐段成式《酉阳杂俎》记载“吴刚伐桂”。南北朝时期，无论南方还是北方，至少月中生桂的传说已是尽人皆知。

在南方，特别是在农历八月十五中秋之夜，“桂子月中落，天香云外飘”（宋之问《灵隐寺》），就是对现实中的桂花作了夸张而传神的写照。在文人墨客的笔下，人们看到了超凡脱俗的风标和品格：不与群芳为伍，在金风肃杀、山川寂寥的时节，傲然挺立，凌霜而开，芳蕾万点，馨香悠长，显得是那样的清雅高洁，孤俏幽僻，俊逸从容，与世无争。朱淑真《木犀》：“弹压西风擅众芳，十分秋色为伊忙。一枝淡贮书窗下，人与花心各自香。”“桂林一枝”作为成语比喻科举考试中出类拔萃者。古代乡试在农历八月举行，时值桂花盛开，八月遂又称桂月，人们因把考生考中喻为“折桂”，并与神话挂上钩，美称“月中折桂”、“蟾宫折桂”；登科及第者则美曰“桂客”、“桂枝郎”，科举考场则美曰“桂苑”等。

桂花有“九里香”之称。邓肃《木犀》诗：“清风一日来天阙，世上龙涎不敢香。”桂花除入酒，还可点茶，《金瓶梅》提到“香茶木犀饼儿”。此外，桂花糕、桂花甜馅点心都是传统的小吃。

十、水仙花鉴赏与文化

家养水仙花（王邦富　摄）

水仙：凌波仙子。花语为纯洁吉祥。

在古代的花历著录中，水仙被列为殿岁花之一，它“前接蜡梅，后迎江梅。”花期正跨在新春大节前后，唯松、竹、梅等数物可以为伴，因此被赞为“岁寒三友”。

水仙是石蒜科中的代表花卉。单瓣类为“金盏银台”，重瓣类为“玉玲珑”。《长物志》：“水仙，六朝人呼为雅蒜。”也有学者认为这话需要加以证实。关于雅蒜，较为可信的是与文震亨同时代的著作陈继儒撰《太平清话》：“宝庆人呼水仙为雅蒜。”可以肯定，南宋水仙已有雅蒜之名，其名出自湖南人之口。我国的两湖（湖北湖南）在宋代是水仙的著名产地。刘邦直诗：“钱塘昔闻水仙庙，荆州今见水仙花。”“借水开花自一奇，水沉为骨玉为肌。暗香已压酴醾倒，只比寒梅无好枝。”是说荆州盛产水仙。

说到水仙在我国的起源和问世，宋人的见解是值得商榷的。唐代段成式《酉阳杂俎》：“奈祗出拂林国，根大如鸡卵，叶长三四尺，似蒜，中心抽条，茎端开花，六出，红白色，花心黄赤，不结籽，冬生夏死。”今天，我们知道，水仙原产欧洲地中海沿岸，北非、西亚也有分布。中国水仙是西洋水仙的一个变种。“本生武当山间”不过是引进的水仙，后来可能首先是在武当山落户罢了。

今存最早水仙诗为五代入宋的道士陈抟所作。宋代特别是自南宋起，由于王朝南迁，水仙这一珍贵的花卉被达官贵人们互相馈赠，逐渐风靡，写水仙的作品也多起来了。

元代任士林、明代姚绶、清代龚自珍等的水仙花赋清一色地以神女作比；而继陈抟、黄庭坚后，诗人词客亦同样不能例外。

有关水仙花神话传说有姚女花、谢女花。

明人张丑《瓶花谱》中将水仙定为最高品级——“一品九命”，与兰花、牡丹、梅花、蜡梅、细叶菊、滇茶、瑞香同列，推崇备至。清代李渔《笠翁偶集》载：“水仙一花，予之命也。予有四命，各司一时：春以水仙、兰花为命，夏以莲为命，秋以秋海棠为命，冬以蜡梅为命。无此四花，是无命也；一季缺予一花，是夺予一季之命也……宁短一岁之寿，勿减一岁之花。”

案例

漳州水仙花鉴赏

漳州的水仙花以其球大、箭多、形美、花繁、味香而闻名全国和东南亚地区。《广群芳谱》载：“水仙花江南处处皆有之”。为什么“漳州水仙花”独占花坛，声誉远播？这主要是因为九湖水仙花产地的地理、气候得天独厚。这里早晨的太阳正好照在山脚下的花田上，下午的斜阳被圆山挡住了射线，向阳、遮阴兼而有之，是个冬暖夏凉的天然屏障。山下，九龙江支流和山谷泉涧纵横交织，水源充足；花田土壤松软，系砂质壤土；加上地质有温泉经过，即使天寒地冻的季节，也能保持适宜的地温。水仙花就是生长在这样优越的

漳州花博会水仙（李永武　摄）

漳州花博会水仙（李永武　摄）

漳州花博会水仙（李永武　摄）

环境下，因而品性十分优异。除了优越的地理条件外，更由于这里的花农有着丰富的种花经验和栽培技术。他们严格掌握节令，采用三年放种和人工阉割等独特的处理方法，来促进水仙花头增大、成熟，因而产出的水仙花形似蟹爪，茎大花多，每个鳞茎一般都能长出3～7支花箭，最多可达11支，每支花箭可开出5～7朵花蕊，最多可达10余朵花，在水仙属的植物中是十分稀见的。

水仙花早在宋代就已受人注意和喜爱。《漳州府志》记载：明初郑和出使南洋时，漳州水仙花已被当作名花而远运外洋了，久负盛名，誉满全球。水仙花带去了中国的春天、中国人民的情谊和美好的心愿，赢得了“天下水仙数漳州”之美称。漳州水仙花具有深厚的文化底蕴。据《蔡坂乡张氏谱记》载：明朝景泰年间，他们的祖宗张光惠在京都做学官，一年冬天请假回乡，船过江西吉水，发现近岸水上，有叶色翠绿、花朵黄白、清香扑鼻的野花，于是拾回蔡坂栽培育成新卉传下。另有传说与漳州齐名的崇明水仙来自福建。那是唐代武则天女皇要百花同时开放于她的御花园，天上司花神不敢违旨，福建的水仙花六姐妹当然也不例外，被迫西上长安。小妹妹不愿独为女皇一人开花，只行经长江口，见江心有块净土，就悄悄溜下在崇明岛。所以，福建水仙五朵花一株开，崇明水仙一朵怒放。

漳州人的生活，已和水仙密不可分。水仙成了漳州人代表吉祥美好的节日礼品，花乡农民过年时，往往要贴上蕴含水仙的门联，并在厅堂上张挂水仙图案的年画剪纸。能工巧匠们创作出的水仙盆景雕刻艺术，且能依照人们的愿望，在预定的时间里开放，给节日、寿诞、婚喜、迎宾、庆典增添了不少光彩。水仙栩栩如生，生机盎然，耐人寻味，怪不得人们赞誉水仙一青二白，所求不多，只清水一盆，并不在乎于生命短促，不在乎刀刃的“创伤”，不在乎于严寒的“凌辱”，始终洁身自爱，带给人间的是一份绿意和温馨。因此，从漳州走出去的海外赤子也视水仙为故土神花。1984 年和 1997 年，水仙花分别被定为漳州市花和福建省花，并当选为中国十大传统名花。

第五章

竹文化

中国是世界上竹类资源最为丰富、竹林面积最大、开发利用竹资源最早的国家之一，素有“竹子王国”之称。竹子因青翠挺拔、奇姿出众、凌霜傲雪、四时长茂受到了人们的称颂，人们赋予它心虚节坚、坚忍不拔、风度潇洒的“君子”美誉。在悠悠几千年的历史发展长河中，竹子与人们的生活息息相关，中国悠久的文化与竹结下了不解之缘，形成了丰富多彩、独具特色的中国竹文化。

中华民族是一个有五千多年悠久文化历史的民族，是一个热爱生活、热爱生命的民族，因而也是一个热爱森林、创造森林文化的民族。森林是人类文明的源泉，文明在森林中诞生和发展，历史上的文明古国都诞生于森林中，在森林中得以发展而辉煌于世。森林对人类文化与文明的发展起着不可磨灭的作用，而且起着越来越重要的作用。我国的森林文化建立在中国传统文化的基础之上，建立在中国独特风土基础之上。悠久的森林文化，是中华民族优秀传统文化的重要组成部分，而竹文化是森林文化中独树一帜的一个重要分支。

“宁可食无肉，不可居无竹”，宋代著名文学家苏东坡的一句名言，揭示了中华文明史中一个特殊的现象：竹作为一种特殊的载体，已渗透到中华民族物质和精神生活的方方面面。竹子是物质文明建设的重要资源，并渗透和凝聚于精神文化之中，构成了中国文化的独特色彩，从而形成了别具一格的中国竹文明，积淀成为源远流长的中国竹文化。

第一节
中国竹文化发展概述

一、竹文化的概念

竹文化是森林文化的一部分，森林文化又是中华文化的一部分。

狭义上的竹文化应指以竹为载体的精神现象，包含竹的理论形态、宗教、审美、精神等，以及竹文字、竹文学。广义上的竹文化，指竹文化的外沿，凡与竹材料相关的社会现象，例如绘画、音乐、风俗、工艺品、食品、工具、建筑、园林等均属于竹文化。竹文化是劳动人民在开发和利用竹过程中产生的物质和精神的综合。因此，竹文化应包括以下层面：

一是竹文化的内涵意义。竹文化包括竹的审美价值、竹的人文品格、竹的时代精神等。

二是竹文化的外延意义。竹文化涉及有关竹的传说、谚语、诗词、绘画、音乐、园林、建筑、工艺等。这就是说，竹所包含的文化价值，不是抽象的，而是积淀在有关竹的传说、诗词、谚语、绘画、音乐、园林、建筑、工艺等不同层面上，应从不同层面上，读懂竹文化的底蕴。

三是介于竹文化内涵与外延之间的中间层面。涉及制度、宗教、风俗等。

二、中国竹文化的渊源

在我国古代已经反映出竹子的使用，确切的记载源于仰韶文化。1954 年在西安半坡村发掘了距今约 6000 年的仰韶文化遗址，从其中出土的陶器上可辨认出“竹”字符号，说明在此之前，竹子已为人们所研究和利用，也就是说我国人民研究和利用竹子的历史可追溯到五六千年前的新石器时代。在浙江钱山漾遗址（距今 5300 ～ 4200 年）有竹箩、篮、簸箕、箪等出土文物，证明竹已用于日常生产、生活有 5000 年左右的历史；中国人用竹筷、食竹笋已有 2500 多年历史；2200 年前兴建的历史上伟大的水利工程——都江堰，就是竹用于农田水利建设的典范。竹非草非木遍生各地，尤适于福建、湖南、广东、江西、浙江气候温和多雨的地区，一二株临窗，三五秆傍水，或万秆碧玉，竹树成林，竹情清韵与江南山水浑融一体。竹与中国的传统文化有着深远的关系。

三、中国竹文化的形成基础

中国竹文化的丰富多彩、独具特色，其形成与我国竹资源丰富，竹子时刻影响着人们的生产生活等诸多方面有关。可以说竹文化的形成是人民的愿望也是历史的必然。

（一）竹资源得天独厚

我国是世界上最主要的产竹国，无论是竹子的种类、面积、蓄积量及竹材、竹笋的产量都雄居世界首位，竹子种类已知有 39 属 500 余种，竹林总面积约 420 万公顷。竹林资源集中分布于四川、浙江、江西、安徽、湖南、湖北、福建、广东、广西、贵州、重庆、云南等省（自治区、自治市）的山区，其中以福建、浙江、江西、湖南 4 省最多，占全国竹林总面积的 60.7%。福建永安九龙竹海于 2009 年被国家林业局批准晋升为国家森林公园，公园内竹林在山地、丘陵、

九龙竹海（来源：永安市林业局）

盆谷、高原中呈现出无规律的层次起伏，竹海景观如画卷在车辆和游客中边行进边展开，走进竹山，林海绵延，漫步竹林幽径，竹之绿与水之绿融为一体，以其特有竹文化的艺术风格和自然审美情趣，为人们带来了无限的诗情画意，令人心旷神怡，流连忘返，成为一道亮丽的竹海风景线。

（二）竹文化与人民生活生产息息相关

竹区农民的生存、发展、繁衍都依靠着当地的自然条件，靠山吃山，靠竹吃竹，竹子也就名正言顺地直接或间接地成为了老百姓的衣食父母，联系着人们的衣、食、住、行、用、娱等诸多方面。但是传统的“吃”是盲目的、掠夺性的，竹区人民了解到这一点，所以在从山上索取的同时也会回报大山。近年来，竹区政府加强与职业院校合作，开展“送教下乡”，普及竹类丰产技术知识，

福建三明林业学校开展“送教下乡”

指导竹农进行科学栽培与砍伐，走出一条人与自然和谐共处、可持续发展的道路。由于竹资源的丰富，竹制品企业蓬勃发展，解决了一大批农村剩余劳动力，间接地为林农增加收入和提高生活水平起到了极大的作用，成为竹文化形成的社会基础。

（三）竹子精神

竹子不仅创造了人类伟大的物质文明，在精神形态上更是有着不可替代的作用。我国竹林面积大，分布广，竹区人民生产生活时时刻刻离不开竹子，可以说竹子精神影响了世世代代的劳动人民，并为之广为传诵。历代文人墨客都十分偏爱于竹，爱竹、咏竹、诵竹的诗文佳作屡见不鲜，形成了具有中国独特风格的竹文学，创作出了难以计数的文学作品，在中国文学中独树一帜。这又为竹文化的产生提供了人文基础。

第二节 竹文化的精神意蕴

一、竹文化的内涵

竹子是世界上生长最快的植物之一，具有旺盛的繁殖能力。在原始社会，部族将之视为图腾崇拜、生殖崇拜、祖先崇拜和自然神灵崇拜的象征物。竹四季常青、中空带节、色彩素淡的外在特征和坚硬柔韧、纹理细致、富有弹性的物理性能，与中国传统的文化、审美趣味、伦理道德有着潜移默化的契合，赋予竹子以深厚的美学、伦理学价值。竹不但被神话（如湘妃竹），还被诗化和人格化，象征着谦虚、气节、坚贞和操行，以及柔韧、孝义的精神。竹以其独特的个性和深厚的文化内涵，成为中华民族优秀文化的有机组成部分。

竹子翠绿一色，简淡素雅，刚柔兼具，清净澄明，其美学风格已为世人所青睐。人们常以竹为载体，寄托或表达人的品德、人格、理想、情操等，现代叫“人化自然”，或称自然的人格化。中国传统称“比德”，源于先秦时代流行的“君子比德”的思想，《诗经》中的比兴，《楚辞》中以香草喻美人，均属此类思想范畴。

白居易在《养竹记》中说："竹性直，直以立身"；"竹节贞，贞以立志"；"竹本固，固以树德"。说的正是竹的精神品格，即挺拔直立、中空带节、稳定固守，表达了国人对竹的人文精神的广泛认同，也是竹文化内涵的浓缩性表述。

二、竹文化的不同层面

（一）竹传说

传说是故事的记录，又包含文学的渗透，带有神化的色彩。竹的传说令人在欣赏中突生奇思妙想，给人平添新意。

1. 孟宗哭竹

相传古代有一个名叫孟宗的读书人，幼时从师学习，读书不懈，而且对待母亲也非常孝顺。他的母亲对他和学友们关怀备至，看到"学者多贫"，她还特意制作了"广被厚褥"，让孟宗与学友们共同御寒。有一年冬天，孟宗的母亲病了，想吃竹笋。但寒冬腊月，哪里去觅笋呢？孟宗只好扶着锄头，在竹林中哀哀地叹息，当他含着眼泪继续寻找时，发现在他刚才哭过的地方竟然迸出了笋尖。他赶紧把笋挖回家烧给母亲吃，孟母因吃到了鲜嫩的笋，胃口大开，病也慢慢痊愈了。据说人间从此有了冬笋，乡里人都称赞孟宗是孝子，是感动上天所致。

2. 斑竹的传说

君山在湖南岳阳市西南 15 千米的洞庭湖中，是一座面积不足 100 公顷的小岛，原名洞府山，取意神仙"洞府之庭"，舜帝的两个妃子娥皇、女英葬于此。墓两边有石刻对联："君妃二魄芳千古，山竹诸斑泪一人。"这"泪一人"典出：虞舜南巡，崩于苍梧，他的两个爱妃娥皇和女英，忽闻噩耗，悲痛万分，遂攀竹痛哭，泪血滴在竹子上，竟成了斑竹，这就是君山湘妃竹的传说。毛泽东诗"斑竹一枝千滴泪"即指此传说。

3. 罗汉竹的传说

罗汉竹产于云南东北部山区。这里山势雄伟，云雾缭绕，泉水流长。民间相传十八罗汉从此经过，投下竹杖，落地成林，因而叫"罗汉竹"。罗汉竹林莽莽苍苍，绵延百里，笋源极丰。

4. 粉竹楼的传说

粉竹楼为诗人李白在四川江油青莲的故居。民间传说李白妹每次月圆日梳洗后，将脂粉水洒在院内竹上，日久竹皆变成粉竹，故名。至今院内外竹影婆娑，清幽雅静。

（二）竹谚语

谚语是民间流传的文字形式，谚语通俗易懂，能真实地再现社会生产、生活的不同侧面。竹谚属谚语的一种，充满浓郁的乡土气息，朴实洗练，内容涉及竹子的特性、移栽、抚育、砍伐、效益等方面。

1. 有关竹特性的谚语

北山种杉，南山种竹。

柳不离江，竹不过岗。

毛笋要拣黄泥巴，小笋顶好乌沙土。

清明出笋，谷雨成林。

清明一尺，谷雨一丈。

清明雨水多，毛笋满山坡。

竹怕秋冬旱，出笋少一半。

……

2. 有关竹移栽的谚语

正月松竹，二月杉。

正月初，好栽竹。

冬至栽竹，立春栽木。

栽竹无时，雨过便移。

多留宿土，记取南枝。

十人种竹，一年成林。一人种竹，十年成林。

一人栽竹十年壮，十人抬竹一年壮。

栽松不松，栽竹不实。

……

3. 有关竹抚育的谚语

人误山一时，山误人一世。

竹不壅，笋不出。

田不耘无谷，山不铲无竹。

小年刨笋，大年挖到根。

绿竹薄薄摊，山笋满箩担，泥土培过节，竹笋没得吃。

管得差，竹开花；种竹千倍利，只怕竹开花。

……

（三）竹诗词

竹子一直是文人墨客吟唱的对象。历代吟诵竹子的诗篇层出不穷，这些诗词从形、色、声、影等不同视角，展现出纤纤翠竹的诗情画意，揭示出竹子深厚的文化内涵。

1.礼赞竹子品格气节

阶前老老苍苍竹，却喜长年衍万竿。最是虚心留劲节，久经风雨不知寒。（郑拓）

南天春雨时，那鉴雪霜姿。众类亦云茂，虚心宁自持。多留晋贤醉，早伴舜妃悲。晚岁君能尝，苍苍劲节奇。（薛涛）

……

2.借竹怀古

云起苍梧夕，日落洞庭阴。不知篑竹苦，唯见泪斑痕。（李梦阳）

斑竹一枝千滴泪，红霞万朵百重衣。（毛泽东）

……

3.借竹写出意境

独坐幽篁里，弹琴复长啸。深林人不知，明月来相照。（王维）

衙斋卧听萧萧竹，疑是民间疾苦声。些小吾曹州县吏，一枝一叶总关情。

乌纱掷去不为官，囊囊萧萧两袖寒。写取一枝清瘦竹，秋风江上作鱼竿。（郑板桥）

……

（四）竹绘画

如果说竹诗词是用文字符号描绘竹的诗情画意，那么，绘画则更直观地呈现了竹的自然风貌。墨竹画始于五代，后逐渐盛行，黄荃、徐熙、李颇等人都善画竹。北京的文同开创了“湖州竹派”。之后，元代的柯九思、高克恭、倪瓒，明代的王绂、夏昶、徐渭，清代的石涛、郑板桥、蒲华、吴昌硕都是一代画竹大师，对竹画作出了贡献。

郑板桥画竹，“神似坡公，多不乱，少不疏，脱尽时习，秀劲绝伦。”少年时，屋旁有一片竹，他于是在窗上糊上白纸，白天的日光和夜晚的月色将竹影投射到窗纸上，他觉得零乱的竹影就是天然图画。后来他说：“凡吾画竹，无所师承，多得于纸窗粉壁日光月影中耳。”他通过观察和艺术创作的实践，提炼出“眼中之竹”、“胸中之竹”、“手中之竹”的理论。“眼中之竹”是自然实景，是对自然的观察和从中体验画意；“胸中之竹”是艺术创作时的构思；“手中之竹”是艺术创作的实现。他把主观与客观、现象与想象、真实与艺术有机地融为一体，创造了师承自然，而又高于自然的境界。他的《墨竹图》，嫩竹老竹，泼墨有香有淡，层次清楚，既互相交叉，又各自独立，极富立体感，是一幅优秀的作品。

（五）竹乐器

竹与音乐的关系密切。因竹竿筒状，结构中空，竹质坚韧，发音优美，故先民很早就利用竹子发音演奏。我国古代按制作材料的不同，将乐器分为八类，合称“八音”。“竹”就是其中重要的一类。丝即弦、竹即管，丝竹管弦，在很多时候代表音乐、乐队，包含深厚的文化积淀，不但许多乐器用竹制作，且许多乐曲以竹为题材。

中国民间乐器有1 000多种，其中吹奏乐器的一半为竹制，如笛、萧、笙、箭和巴乌等；印度尼西亚的安哥隆、越南的科隆布也是竹制乐器。拉弦乐器的琴筒，用竹制成，打击乐器如竹板、切克、霸王鞭、四块瓦、竹节、渔鼓、竹板琴等，都离不开竹。

以竹为题材的音乐作品有：《月光下的凤尾竹》《风吹竹叶》《竹林深处》《一棵竹子不成林》《竹林涌翠》等。

（六）竹园林

竹子是古典园林的重要材料。秦始皇兴建上林苑，从山西云冈引种竹子到咸阳（《拾遗记》），这大约是采用竹造园的最早记载。魏晋时期，士人园林兴起，竹子成为造园主景。现在人们看到的较为著名的竹园林有成都的望江楼公园、杜甫草堂，苏州的沧浪亭、狮子林，扬州的个园，惠州的逍遥堂等。

郑板桥《墨竹图》（来源：昵图网）

竹乐器演奏（来源：中国文化网）

第三节
竹文化景观欣赏与开发利用

一、竹文化景观欣赏

竹文化从当年的"青青绿竹，绿竹猗猗"发展到今天的绿色竹海景观，几千年风吹雨打，大浪淘沙，历史一路见证。竹子在社会经济飞速发展、园林艺术日臻完善的今天，并不因其普通平凡而被人们遗忘，相反，人们对竹的喜爱之情是有增无减。晋朝的"竹林七贤"，用竹林来反映七个文人的人品，又用七个人的文采来附丽于竹子身上，人文同自然相互映照。竹林具有观赏性和审美价值，竹林景观是竹资源成为竹文化旅游资源最主要的因素。没有竹林景观美就会失去竹资源的观赏和旅游价值。竹文化景观可分为竹类盆景、庭院竹林、竹公园、竹子专类园、风景名胜区的竹林和自然保护区竹林。

（一）竹类盆景

盆景可看作是园林的微缩、园林的缩影，盆景有微型园林之称，一个竹类盆景就是一座小的竹园林。

《考盘余录》《群芳谱》等对竹子盆景的制作、欣赏曾进行介绍。《园艺杂法》云："竹作盆栽，供在案头，萧萧之影，袅袅云姿，青青之叶，直直之竿，略缀灵石，稍嵌青苔，或作竹林，高矮有序……自得朴雅之致。"用于竹类盆景制作的竹子种类很多，主要有以下几种：

1. 佛肚竹

别名佛竹、橄榄竹、密节竹。合轴丛生型灌木状散生竹。产自广东、四川、湖南、江苏、浙江等省。佛肚竹节密间短，节间膨大，瓶状畸形，基部节间膨大如佛肚，形态特殊，别具风韵。

2. 凤尾竹

灌木状丛生竹，为孝顺竹变种之一。分布于西南各省及江苏、浙江等省。株形矮小，盆栽高仅33~65厘米，秆茎细柔，枝叶稠密，植株秀雅。

3. 花孝顺竹

别名小琴丝竹。灌木状丛生竹，为孝顺竹变种之一。江苏、浙江、安徽、江西及南方诸省有分布。秆圆，中央有翠绿之缀纹数条，新节鲜黄，植株秀丽。

4. 紫竹

别名黑竹，乌竹。灌木状散生竹。南方各省均有栽植。新种淡绿，有白粉，后变紫黑，竹丛挺秀，别具风韵。

5. 黄金嵌碧玉

别名金竹、黄皮刚竹。灌木状散生竹。长江流域均有分布。竹秆金黄，嵌有绿纹，姿形美观。

6. 碧玉嵌黄金

别名绿皮黄金竹。灌木状散生竹。竹竿绿色，节间嵌黄色纵条纹，独具特色。

7. 菲白竹

灌木状丛生竹。盆栽不盈尺，秆细枝密，叶片翠绿，间嵌白纹，宽窄不一，玲珑秀丽。

小型竹种可直接盆栽，赤竹类及紫竹、罗汉竹等可在野外选择小的竹株直接用大中型盆栽种植。其他竹种应经矮化处理后盆栽。

竹类盆景品种繁多，如川派的竹类盆景，有绵竹、凤尾竹、观音竹、琴丝竹、佛肚竹等，并多以山石配伍，风格淡雅、清秀、悠远。竹类盆景，竹竿以奇数为佳，三竿五竿，置于盆之一侧，点缀奇石，杂以青苔，显得清瘦、挺秀、古朴。可将竹子与松柏搭配，形成“岁寒三友”，也可用青竹与红枫组成“枫竹图”盆景。用凤尾竹、紫竹数丛合理布局栽植，远处栽些矮型翠竹，适当安排些玲珑卧石和配件，配上林间石径，还可以构筑山水丛林式盆景。这样，多样竹类盆景就可以发挥观赏的价值。

（二）庭院竹林

庭院竹林最早应是士人的宅第竹园，如王维在辋川别业的竹里馆，朱熹的竹林精舍，白居易的庐山草堂，十笏茅斋，一方天井，修竹树竿，石笋数尺……，庭院竹林意境优雅。杜甫在成都郊区浣花溪辟有竹园，也算是庭院竹林，不过现在已扩建成公园。

庭院竹林在南方丘陵地区几乎随处可见。竹林既是家园屏障，又是农户竹材、竹笋的来源，是组成庭院经济的有机部分。农家庭院竹林同古人所提倡的“住宅须有三分水、二分竹、一分屋，消受如许清福，一身不尘埃”的主张是相一致的，颇具几分田园特色。

庭院竹林主要栽培的品种有淡竹、桂竹、刚竹、毛金竹、青皮竹、撑篙竹、粉单竹、慈竹和茶秆竹。

1. 淡竹

别名红淡竹、花秆淡竹、麻壳淡竹（浙江）、洛宁淡竹（河南）、青竹（山西）、小青竹（山东）。中型散生竹。

2. 桂竹

别名五月季竹、麦黄竹（浙江）、小麦竹（安徽）、斑竹（四川、河南）、大金竹（广西）、大叶金竹（河南）。中型散生竹。

3. 刚竹

别名台竹、光竹（台湾）。

4. 毛金竹

别名金毛竹、白竹（江苏）、小毛竹、金竹（河南、甘肃）。

5. 青皮竹

别名青竹、篾竹（广东）、黄竹（广东、广西）。

6. 撑篙竹

别名油竹、花眉竹、白眉竹（广东、广西）。

7. 粉单竹

别名白粉单竹、双眉单竹、黑节粉单（广东、广西、河南）。

8. 慈竹

别名甜慈、钓鱼竹、酒米竹（广西、湖南、湖北、云南、四川、陕西）。

9. 茶秆竹

别名厘竹、沙白竹、亚白竹、青蒿竹、苦竹（湖南）等。

同士人的竹里馆（王维）、竹林精舍（朱熹）不同，乡村的庭院竹林没有按照对称、协调、统一等美学法则进行排列组合。农家不过因地制宜，随地栽植，但正是这些散乱、不规则的竹林，成为晨暮歇脚、晌午乘凉、妇女编织、童叟闲聊的最佳去处，成为百姓的乐园。普通百姓在栽培竹林、收获竹产品时，不但体验到竹林之美，而且在创作竹林之美。庭院竹林经普通百姓栽培、修剪、采挖，显现出美的价值。

（三）竹公园

竹公园指以竹文化为主题，以竹子造景为主要特色的城市公园。竹公园因竹成景，以竹取胜，运用现代园林造景手法科学组织观赏竹种的形式美要素，表现江南园林清静通幽的风格，同时结合必要的人文景观，创造出深远的园林意境，全面展示竹子外在的秀美风姿和内在品质，集自然景观和人文景观于一体，为城市居民提供赏心悦目的休闲娱乐空间。国内主要竹公园有北京紫竹院、青浦大观园、杜甫草堂、薛涛公园和莫干山。

1. 北京紫竹院

位于北京海淀区白石桥附近，明朝建有紫竹院，清代为帝后皇亲游览颐和园的中途休息处。新中国成立后开拓紫竹院为紫竹院公园。总面积14公顷，院内幽篁百品，翠竹累万，使紫竹院得以名副其实。园中集有各种耐寒竹类，辟有竹林景区，号称“华北第一竹苑”。

华北第一竹苑（来源：昵图网）

2. 青浦大观园

位于上海青浦县内、淀山湖畔。按《红楼梦》意境兴建的“大观园”风景区，有怡红院、潇湘馆、蘅芜苑、稻香村、鸿喜堂等建筑，其中潇湘馆内秀竹叠翠，景色秀丽，同《红楼梦》书中描绘的气氛十分吻合。

3. 杜甫草堂

位于成都西郊浣花溪畔，为诗人杜甫在成都的故居旧址。主要建筑有大庙、诗史堂、柴门、工部祠等。园内面积约20公顷。不但有梅园楠木，更有翠竹千竿，为观赏竹林的极佳去处。

杜甫草堂一角（来源：昵图网）

4. 薛涛公园

坐落在成都锦江河畔，又称望江楼公园，是纪念唐代女诗人薛涛的名园胜迹。公园面积十余公顷，因园内遍植竹子而得“都市竹海”之美誉，为全国十大竹类观赏地之一。薛涛雕像由汉白玉制作，脸似玉盘，发冠高束，手执诗书，行吟于修竹茂林之中，给人留下深刻印象。

5. 莫干山

位于浙江省北部湖州市德清县境内，美丽富饶的沪、宁、杭金三角的中心，是国家级风景名胜区。因春秋末年，吴王阖闾派干将、莫邪在此铸

莫干山（来源：昵图网）

成举世无双的雌雄双剑而得名，是我国著名的度假休闲旅游及避暑胜地。区内秀竹满山，修竹如海，行径通幽，可感受“竹径清风涤烦暑”之妙趣。

城市公园中用竹子造园的还有：扬州的个园，南京的随园、芥子园，苏州的留园、狮子园、怡园、沧浪亭、西园，广州顺德清辉园的竹苑景区等。这些公园中，有用竹作主景，有用竹分隔景区，有设通幽竹径，或配画题式树丛，构成粉墙竹影、漏窗竹景等，都展示了竹子的婵娟挺秀，意蕴飘逸。

（四）竹子专类园

竹子专类园指专门收集竹类植物的园圃，原先的用意只作为种子实验和教学示范使用，随着时代进步、美学价值的渗透，这些园圃同时也兼具观赏、旅游、休闲的功能。竹子的专类园包括以下几种：

1. 各地植物园中的竹园

如南京林业大学的竹类植物园，华南植物园、庐山植物园、杭州植物园、厦门植物园、昆明植物园中的竹园等。

2. 森林公园中设置的竹子专类园

如福州森林公园中的竹子专类园。

3. 专门的竹专类园

如福建华安的竹种园、泰宁的百竹园等。华安竹种园占地 63 公顷，已引种竹类 330 种，为全国十大观竹胜地之一。这些园圃，只收集竹类，不栽植其他植物，间以竹建筑，风格独特，吸引很多游人。

福州国家森林公园竹子专类园
（徐锦心　摄）

昆明世博园竹园（来源：金农网）

4. 竹博物馆

如昆明世博会中的竹园，园区占地 2.6 公顷，收集各类竹子 255 种，成为全国十大竹类观赏胜地之一，是目前世界上种类丰富并以丛生竹为特色的竹园，分为竹楼区、竹简区、竹亭区、竹门楼区、竹长廊区。浙江安吉的竹种园为全国十大竹类观赏胜地之一，现存竹种 298 种，占地 22 公顷，是亚洲规模最大、品种最多的竹种园。安吉的竹博物馆，占地 1.2 万平方米，颇有特色。

（五）风景名胜区的竹林

风景名胜区竹林指风景名胜区范围内具有观赏和游览价值的竹林。风景名胜区为竹林观赏提供整体氛围，竹林的美学价值加大风景名胜区的名气，两者互为依存，形成互补，也是旅游者观赏竹林的最佳去处。这类竹林主要有以下数处：

1. 洞庭湖风景区的君山

君山亦称洞庭山，在洞庭湖中，君山由 72 个大小山峰组成，有二妃墓、柳毅井、秦始皇封印等古迹。山中异竹丛生，有斑竹、罗汉竹、石竹、方竹、紫竹、毛竹等，各具特色，为全国十大竹类观赏地之一。

2. 千岛湖金竹牌

位于新安江水库东岸，山坡平缓，有竹园、果园、柏木园等，其中竹园绿竹叠翠如屏，屹立湖畔。

3. 杭州西湖云栖

位于杭州市五云山西的山坞内，距西湖20千米，古时相传有五色彩云飞集坞中，因而得名。沿坞修筑茂林，溪水澄澈。“万千竿竹浓荫密，流水青山如画图。”云栖竹径为西湖十八景之一。

4. 九华山风景区闵园

又称中闵园。在九华山天台峰北，为朝拜天台的必经之地。面积约30平方千米，古松挺拔，翠竹浩瀚，为全国十大竹类观赏胜地之一。闵园竹海也是九华山十景之一。

5. 蜀南竹海

又名万岭箐。位于四川长宁县城南，占地4000多万公顷。楠竹如海，四季葱绿，风景秀丽，为国内外罕见，亦为全国十大竹类观赏胜地之一。

6. 贵州赤水竹海

位于贵州省赤水市，桃江被誉为“楠竹之乡”，以桃花江两岸的楠竹林最具特色，600公顷以上竹林有31片，分列桃江两岸，竹水一色，景色宜人，亦为全国十大竹观赏胜地之一。

此外，浙江杭州葛岭、云南大理蝴蝶泉夹道的绿竹，福建九龙江、赛江两岸竹林，广西桂林漓江兴坪两岸的绿竹、凤尾竹，福建建阳黄坑、湖南华家山的竹海都各具特色，可供游人驻足观赏。

（六）自然保护区竹林

自然保护区的竹林多位于竹乡之中，如四川的卧龙自然保护区、平武的王郎自然保护区以及唐家河、九寨沟、马边大风顶、美姑大风顶、佛坪、白水江等自然保护区，这些自然保护区是为国家大熊猫提供栖息地而设立的，在自然保护区的崇山峻岭中，丛生的箭竹是大熊猫的“粮仓”。旅游者既能观赏大山中的箭竹，又能一睹大熊猫的风采。又如神农架的箭竹林，位于大神农架近峰顶一带，面积约3万公顷，箭竹丛生，异常稠密，每平方米达120多株，竹秆细长，橙黄发亮，因古人用其作箭而得名。箭竹林内，白麝、白獐、白雕、白麂、白蛇、白猴、白松鼠、白熊时有出没，是世界罕见的白色动物集中区。

二、竹文化的开发利用

随着人类社会的不断进步和人民生活水平的日益提高，竹子的优良特性和开发价值得到重新认识，且已被逐步推上生态环境建设和山区经济建设的历史舞台。发展竹资源、开发竹产业能把生态建设和产业开发有机结合起来，在推进生态建设的同时推进产业建设和经济可持续发展。

（一）以竹文化促进现代林业建设

竹林兼有经济价值、观赏价值和防护功能，是一种可再生的森林资源。竹业是林业产业建设的重要组成部分。我国竹类资源丰富，实施竹业工程，弘扬竹文化，对增加森林资源，控制水土流失，改善生态环境，缓解木材供需矛盾，增加出口创汇，壮大农村经济，促进农民脱贫致富等方面都具有重要的现实意义。据统计，中国竹子之乡、中国笋竹之乡和全国林业改革与发展的示范区——福建永安 2012 年全市林业总产值 110.18 亿元，其中竹业总产值达 32. 7 亿元，竹业产值占林业总产值的 29.7%；农民人均竹业收入 3 565 元，占农民人均收入的 35.6%，竹产业已然成为永安农村经济的主导产业。

（二）以竹文化促进竹产业开发

生态文化通过各种途径引领人和社会达到最大程度的和谐，竹文化在这其中也起到了生态建设和产业发展的促进和保证作用。

1. 竹产品开发

丰富独特的竹文化内涵，影响着中国人的审美观、审美意识和伦理道德，人们追求高雅舒适、装饰质朴，追求自然、野趣和大自然天堂般的境界。将实用、艺术和自然美融合在一起，开发引进系列产品。以永安为例，全市现有竹加工经营企业 179 家，其中产值千万元以上 23 家；笋竹产品涉及家居、建材、食品、化工等 10 多个行业 400 多个品种。其中，竹胶合板年产量达 17.2 万立方米，占福建省近 1/3，是全国最大的竹工程材基地。

2. 旅游经济开发

竹文化旅游资源独特的属性和丰富的赋存使其具有很强的吸引力，旅游开发价值很高。近年来，我国兴建了大量的竹子公园、竹子博物馆。典型的竹子公园有北京紫竹院公园、南京菊花台公园、成都望江楼公园及广州晓港公园等。规划建设中的永安“竹天下”也是竹文化旅游开发的一个载体，该项目占地 1 000 亩*，总投资 20 亿元人民币，项目包括竹家具馆、竹文化馆、竹工艺馆、竹科技馆和综合交易区等“四馆一区”，同时在周边配套建设温泉度假中心等，是国内一流的以竹为基本建筑元素，集竹产业发展与竹文化展示、休闲养生、旅游观光为一体的城市综合体。

---

* 1 亩 = 1/15 公顷

此外，通过开发旅游建立起来的农家乐、森林人家，依托竹子为背景，不断壮大起来，作为竹文化的又一个品牌为越来越多的游客所喜爱。

（三）以竹文化促进精神文明建设

竹子是物质文明建设的重要资源，并渗透和凝聚于精神文化之中，从而形成了别具一格的中国竹文明，积淀成为源远流长的中国竹文化。在信息化的今天，竹文化也时常通过科普教育、舆论媒体等介质传播到工作和生活的各个层面。

由国家林业局、国际竹藤协会等主办的中国竹文化节始办于1997年，是我国规模最大、规格最高、影响最广的国家级、国际性竹事盛会，为弘扬竹文化、振兴竹文化，促进精神文明建设等搭建了强大舞台。中国竹文化节已在浙江安吉、福建武夷山、湖南益阳等地成功举办了7届。全国政协人口资源环境委员会副主任、国际竹藤组织董事会联合主席、中国竹产业协会会长江泽慧在出席第七届中国竹文化节时指出："当前，我国竹文化发展方兴未艾，并在现代社会发展中被赋予了新的含义和生命。举办竹文化节就是为了进一步弘扬竹文化、振兴竹产业，促进低碳经济发展，实现包容性绿色增长，推动社会主义文化大发展大繁荣，推动生态文明建设。"

案例

福建永安笋竹文化

一、永安笋竹文化旅游节

永安，中国笋竹之乡，是我国大多数竹子生长的最适宜中心产区，全市现有乡土竹种15属76种，其中毛竹林面积70余万亩，农民人均拥有竹林面积4.2亩，居全国之首。永安，竹子的故乡，这里有享誉海内外的"闽西八大干"之永安笋干，其古老的传统生产工艺已有近千年的历史，堪称中国笋干第一品牌；有建于明朝年间、我国迄今为止发现最早的笋业同业公会旧址——"笋帮公栈"。

为实现永安竹业经济跨越式发展，永安市委、市政府于2001年果断作出高端决策，大力实施永安竹业品牌战略，使永安成为福建省乃至全国第一个实行竹业品牌战略的县市，并于2002年开始举办笋竹节，把每年的10月18日确定为永安人民自己的节日，使其溶入旅游、文化、经贸等要素，增加笋竹节的文化品位与内涵，使永安作为"竹子的故乡"和"竹神"文化得到全方位传播。通过举办开幕式、旅游推介、专家学术论坛、永安中华风味美食展销、

福建永安笋竹旅游文化节（来源：永安市林业局）

竹农劳动技能比赛、文艺晚会等，进一步提高永安的林竹产业以及生态旅游的社会认知度，进一步打响永安竹业与笋竹文化旅游品牌。2011年5月15日，“福建·永安笋竹文化旅游节”在第二届中国节庆创新论坛暨2011年中国品牌节会评选中，从600多个参评节庆中脱颖而出，荣膺“中国最佳绿色生态人文旅游节庆”荣誉称号。

2011年开始，为进一步鼓励、引导和推动竹产业发展，该市采用政府搭台、企业唱戏的方式，将已举办了10年的“福建·永安笋竹旅游文化旅游节”升级为“中国（永安）竹具展销会”。

二、中国（永安）竹具城

近年，永安建成了一个“全竹元素”的永久性重要平台——“中国（永安）竹具城”，使每年一次的办节转变为永不落幕的展销会。其主要特点和功能可以概括为“四个平台”。

1. 产业发展平台

竹具城集展示、销售、研发、生产为一体，通过“厂店联动、贸展一体”的模式，实现了办节展示向全年展销推介的转变。同时，通过竹具城广泛开展以商引商和二次招商，逐步衍生或吸引更多企业聚集，达到“筑巢引凤”的目的。投入运营以来，入驻企业越来越多，现已有40多家周边省份或地区的竹加工企业进驻，初步形成了一种集聚效应，有效地促进各种要素和资源、技术的聚集，更好地推动竹产业向高端发展。

中国（永安）竹具城（来源：永安市林业局）

2. 产品交易平台

竹具城现有展销产品上万件，涉及吃、穿、住、用、赏等日常生活的各方面，均达到国内前沿水平。同时，以广东省家具产业研究院的先进技术为支撑，建立了全省首家专业的竹产品交易电子商务平台，实现商场交易向网络及贸易的重要转型，促进生产营销的信息化、网络化。2012 年，销售额达 300 多万元，其中电子商务平台交易额近百万元。2013 年，通过淘宝网、淘宝天猫商城等网店，进一步扩大网络交易规模，销售额达到 2 000 万元以上，其中网络交易额 1 000 万元以上。

3. 最新成果展示平台

竹具城集中展示了省内外近 600 个品种的竹加工产品，汇聚了闽、浙、赣、粤竹家具主产区的 40 家领军企业的精品和最新研究成果。2012 年开始以竹具城为平台，每年举办“永安国际竹家具设计大赛”，参赛人数位列全国同类设计大赛之首。

4. 战略发展论坛与文化交流平台

每年永安市均依托竹具城举办中国（永安）竹木家具产业发展论坛、永安竹家具产业转型及战略发展规划专家评审会等一系列竹产业战略发展研究、技术与文化交流活动，广泛邀请国内外专家学者进行交流，对该市竹产业发展提出指导性意见，获得了专家界的高度评价。

三、竹神传说

很久以前，浮流国（即现永安）出了位叫“衍公”的奇人，他生性爱竹，终日徜徉在竹林，以竹为伴。一年，天降大旱，河流干涸，万物枯焦，百业凋敝。衍公看在眼里，急在心头，决心为百姓做点好事。他拔起一根竹子，运起法力，驱赶巨石，准备在燕江上筑起一座石壁，蓄水抗旱。此事被天神得知，大为震怒，认为这是对抗天庭，犯上作乱。于是便降落凡间，把即将筑好的石壁破坏。衍公功亏一篑，饮恨燕江。

衍公不向天公低头，决意教训一下傲慢的天帝。一日清晨，衍公用竹做了支弓箭，张臂挽弓，射向天庭。竹箭挟风携电，径直射向玉皇大帝的金銮殿。这天玉皇大帝恰好贪睡，尚未上早朝，竹箭直射在玉帝的龙椅背上。待玉帝上得殿来，见椅背上插着支箭，大惊失色，忙问左右是为何。太白金星拔下箭看了后说：“这是一支竹秆箭，不在豫章（即现江西）在闽越（即现福建）：金箭头，银箭尾，不在沙县、在浮流。”玉皇大帝听后，下令天兵天将到浮流国捉拿施放冷箭之人。天兵来到浮流国，深入竹林搜捕衍公。只见竹林内有个五处美髯、须发飘飘，手持一根竹笛的人在出没。天兵砍倒所有竹子，可就是抓不着那个留着长须的奇人，只好悻悻地返回天庭。

玉皇大帝听罢禀报，叹道：“这个在竹林出没的不是凡人，只能是竹神啊！”只好下令龙王降雨，消弥永安的旱情。雨水一降，一棵棵竹笋拔地而起，竹林又是一片郁郁葱葱。

从此，永安人把衍公尊为“竹神公”，供奉起来，以纪念这位解永安于倒悬的奇人。

竹神衍公（来源：永安市林业局）

第六章 森林旅游文化

旅游的实质是社会的自由时间同自然的对话方式，对森林旅游也是如此，是人的自由时间同森林的对话。此时的森林，已不再是物或采伐对象，而是审美对象。人类开始用一种亲善、好奇的目光审视森林，一改过去的功利主义态度。森林作为大地衣裳、地球化妆师，首先是一个生命系统，同时又呈现出壮伟的景观，以供人类观光、休闲和娱乐。千百年来，人类在与森林的接触中，不断探索森林旅游文化，对挖掘我国传统文化的魅力具有现实意义。

第一节 森林旅游文化概述

一、森林旅游活动的产生与发展

森林旅游是旅游活动的一种，属于一种野外游憩活动。从广义上讲，森林旅游是指在森林中进行的各种目的、任何形式的野外游憩。广义上的森林旅游活动的开端很早。我国自古相传的到林地“春游”、“踏青”活动，就类似于森林游乐。但当时大多只偏重于对大自然风景的欣赏与个人身心的陶冶，而且没有固定的以森林为主的公园。

严格意义上的森林旅游是近几十年才兴起的新事物，再扩展一些，如果从美国 1872 年建立的世界上第一个国家公园——黄石公园算起，只有 100 多年的历史。而欧洲一些国家的森林旅游活动仅有三四十年的历史。狭义的森林旅游是指人们在业余时间，以森林为背景所进行的各种游憩活动。它包括野营、野餐、登山、赏雪、观鸟、滑雪、狩猎等。

森林旅游事业迅速发展成为世界性的潮流，主要是在二次世界大战后。都市人口集中与工业高度发展使得生态平衡渐渐受到破坏，环境污染日趋严重，噪声等公害滋生，人们的精神生活变得紧张、呆板而枯燥。另一方面，由于工业发达，人们的物质生活有了较大的提高，为森林旅游提供了经济基础。每逢节假日，人们都喜欢到有森林的地方去进行郊游、旅行、狩猎、钓鱼、野营等活动，享受大自然的温馨，呼吸新鲜空气，在环境幽静的大森林中恢复精力，以便更好地工作。一些国家的人士甚至提出了“生态觉醒”、“回归大自然”的口号。

九寨沟（黄云鹏　摄）

森林旅游以其独有的资源优势，恰好满足了人们“回归大自然”的愿望和需求，作为旅游业发展的一朵奇葩而异军突起，迅猛发展起来，显示出令人难以置信的强大生命力。随着世界旅游业的蓬勃发展，森林旅游作为一项绿色产业，已遍及全球，渗入到了世界各个角落，呈现出方兴未艾的势头。

繁荣森林旅游业，在一定程度上反映了一个国家的文明和经济实力，世界上许多国家都十分重视森林公园的建设和森林旅游的发展。苏联在 1958 年制定的“城市规划和建设法规与定额”中正式规定了在大城市及特大城市的周围应设置 5~10 千米宽的森林公园带，强调森林公园是以森林为主体的，供城市居民浏览及休息的绿地。日本从 1960 年开始扩大森林公园的面积，到 20 世纪 80 年代末，已把国土面积的 15% 划为森林公园，供人们浏览、休憩，每年有数亿人次在节假日涌向全国各大森林进行“森林浴”，尽情享受大自然的美丽风光。日本还拨专款进行旅游点建设，制定各种法令、法规以保障森林旅游业的发展。德国政府提出了“森林向全民开放”的口号，法定一切森林包括国有林、集体林和私有林都向旅游者开放。澳大利亚、新西兰和菲律宾等国是亚太地区森林旅游业发展最快的国家，每年都接待大量的国外游客。

森林旅游活动作为一项绿色产业，已渗入到世界各国，在国民经济、旅游业和林业中的地位日益突出。

二、森林旅游与文化的相互关系

森林是人类的发源地，森林哺育了人类，人们对森林文化与森林旅游，森林旅游与文化的关系进行了探索，挖掘森林旅游与文化二者之间的关系，对于繁荣森林旅游，发挥我国传统文化的独特魅力具有现实意义。

（一）森林旅游的文化属性

长期以来，人们对旅游偏重于经济方面的研究，甚至将旅游简单等同于单纯经济现象。森林旅游活动从本质上讲是一种文化现象。无论是旅游消费活动还是旅游经营活动都具有强烈的文化性。可以说，文化是森林旅游的灵魂和支柱，文化是森林旅游的核心，森林旅游作为一种文化现象所产生的影响，比单纯的经济影响更为深远。

1. 森林旅游主体的文化属性

就其实质而言，旅游者投身旅游活动，主要是为了追求精神文化的满足，旅游活动主要属于精神文化活动的范畴。森林旅游主体的文化属性表现如下：

（1）文化是森林旅游的灵魂

中国先秦思想家墨子提出的“食必常饱，然后求美”；衣必常暖，然后求丽；居必常安，然后求乐”，说明了人类在满足生存需要基础上产生高级需求的必然。旅游者的旅游行为是一种文化消费行为，其外出旅游的动机和目的在于获得精神上的享受和心理上的满足。森林旅游作为一种跨时空的社会性活动，其根本动力在于人们追求精神上的享受和心理上的满足。森林旅游作为一种跨时空的社会性活动，其根本动力在于人们追求精神文化上的满足。森林旅游活动是综合性的文化活动，它体现了旅游者对某种文化的追求。吃、住、行、娱、游、购是旅游活动的六大要素，这六大要素无一不和文化结合在一起，无一不渗透着丰富的文化内涵，如果剔除森林旅游活动中的文化内涵，森林旅游活动就是一个空壳。

（2）文化动机是森林旅游者最基本的旅游动机

旅游者参与旅游活动是为了满足某种需要，不同的旅游者有不同的需要。旅游者投身旅游活动，主要是为了追求精神文化的满足，旅游活动主要属于精神文化活动的范畴，文化因素在森林旅游业发展中起主导作用。从世界和国内旅游业发展的实际情况看，文化因素在旅游业发展过程中起着越来越重要的作用，森林旅游业发展要上一个新水平、新台阶，必须要有文化的支撑。例如，就旅游资源来讲，与意大利、法国、埃及相比，英国并不拥有多少令人叹为观止的历史名胜；与巴西雨林、西班牙海滨、瑞士风光相比，英国地理风貌也显得平庸，但英国人很善于对旅游资源的文化因素进行开发和利用，如王室文化、博物馆文化、戏剧剧院特色文化等，使英国变成为一个旅游资源富有的国家，从而极大地推动了英国旅游业的发展，旅游现已成为英国最重要的经济来源之一。据统计，2002 年，英国旅游业年产值 700 多亿英镑，旅游收入占世界旅游收入的 5% 左右，在世界旅游大国中位居第五。

2. 森林旅游客体的文化属性

旅游活动的产生和普及，归因于人类的社会活动。旅游资源按基本成因和属性，大而言之可分为自然资源和人文资源两大类。森林以其物种的多样性、丰富性、富于变化而能启发人们丰富的想象，成为文艺作品重要的背景和素材来源，从而丰富着人们的精神需求。现代社会中，森林以新的方式进入到我们的社会生活中，这些方式超越了简单的物质需要，是在精神性需求的层面上发生的。简而言之，是以人的方式，或者说是以文化的方式参与到人的社会生活中。森林旅游资源中的人文旅游资源，无论是实物形态的文物古迹还是无形的民族风情、社会风尚，均属于文化的范畴。“人化自然”与“自然人化”，由各种自然环境、自然要素、自然物质和自然现象构成的自然景观，只有经过人为的开发利用，才能由潜在的旅游资源变为现实的旅游资源，即使是自然美，也必须通过鉴赏来反映和传播，而鉴赏是一种文化活动，因此，自然旅游资源同样也具有文化性。

3. 森林旅游媒体的文化特征

森林旅游媒体是指帮助旅游主体圆满完成旅游活动的中介组织，即向森林旅游主体提供各种服务的旅游部门和企业。森林旅游媒体在文化方面的重要特征是信息的可转换性。在森林旅游中，无论是旅游传播媒体，还是旅游交通、住宿、旅游产品、餐饮等无不打上文化的烙印。森林旅游中介体文化是旅游主体文化和客体文化的媒体，是主、客体文化的桥梁，在主、客体文化的桥梁中，在旅游活动的全过程中，旅游中介体文化起着重要的作用，没有旅游中介体文化，旅游主、客体文化无法交流。单从森林旅游的自然资源内容来说，旅游媒体可以将旅游信息从一种状态转化为另外一种状态，可以将物质信息转化为文字信息，并将一切信息转化为符号系统。比如风景秀美的国家森林公园的各种旅游资源，我们可以将各种旅游景点用电视、电影来表现。森林旅游媒体在森林旅游资源的信息传播中使一切旅游信息可以在时间和空间上进行流动和变化。

（二）森林文化的旅游功能

1. 森林文化的本质决定了森林旅游的功能

森林旅游从整体上看是一种以自然资源为主要对象的旅游活动，但是随着人类社会活动的加入，我国的森林旅游资源无不与人文资源紧密联系，自然资源与人文资源的共生，成为森林旅游的核心内容。

第一，森林旅游使旅游产品和文化合二为一、融为一体。文化使森林旅游打上了人类活动的印记。在我国旅游史话中，一直存在“景借文传”的佳话。自古以来，我国历史文化中的山水田园诗歌就与森林旅游结下不解之缘。我国众多的名山大川，吸引人们去寻觅探幽，古代文人更是为应试而涉足青山绿水，或为走终南捷径而隐居山林。在这一系列活动中，有关森林的诗词、散文、游记、传说迭出，形成祖国森林旅游文化的重要组成部分。文化是人的创造物，而不是自然物，它是一种社会现象，而不是自然现象。

第二，森林旅游为游客提供了广泛参与的可能。文化是人类社会活动所创造的、为社会所普遍享用的，具有强烈的大众性。森林作为物种的集中地，是生物多样性最集中的体现，这种生物多样性是激发人的好奇心，启发人思考、推动人去探索自然奥秘最有力的动力之一。森林是人类的发源地之一，原始人类只有勇敢地去面对各种困难，才能在森林这样复杂的生存环境中生存下去，否则就将被险恶的环境所淘汰。现在的森林旅游活动中，尽管条件已大为改善，但在面对复杂的危险时，人们还是很容易感到孤独和恐怖，这时人往往最渴求他人的帮助。森林旅游培养着人们的合作意识，这为人与人之间的合作提供了必要的基础。

第三，森林旅游极大扩充了旅游的文化含量。文化不是游离存在的，它体现在人们的社会实践活动的方式之中，体现在所创造的物质产品和精神产品中。在快节奏的现代社会，森林成为旅游目的地是因为森林旅游的文化含量。由于森林富于形象感，它的色彩丰富，形式富于变化，它能够使人感觉赏心悦目，使紧张的心情能够得到释放。在广泛开展的森林旅游活动中，文化是旅游传播的重要支撑，文化使森林这种纯自然的资源打上了多彩的人文要素，也为人类陶冶情操提供精神支持。比如，欣赏自然地貌之美，没有美学知识将使森林旅游索然无味；没有宗教常识将使旅游者对森林中的寺庙的欣赏所得无几；没有建筑园林知识，将对森林旅游中的诸如亭、台、楼、阁的欣赏停留在外行看热闹的行为中。

2. 文化的基本类型决定了文化的森林旅游资源的存在形式

从广义的文化概念来讲，每种文化都存在物质要素、行为要素、心理要素三个方面。森林旅游资源也不例外。

（1）森林旅游文化的物质要素

作为旅游目的地，森林旅游文化的物质要素部分主要指森林旅游者可辨识的物质实体。它的物质要素主要体现在景观生态上。这些美的事物通过森林旅游者的视觉、听觉等来感受，又转化为一种感性认识。在中国“天人合一”思想的支配下，人们返璞归真，寄情山水而形成审美过程中，旅游者最大限度地让自然山水参与到日常生活中，构成了富有文化内涵的审美意趣。

（2）森林旅游文化的行为要素

森林旅游的行为要素在制度层面包括森林旅游活动中的各种社会规范和约定俗成的习惯定式。主要体现在森林旅游者的行为与当地的民俗风情上。在可持续发展理念指导下的森林生态旅游，在21世纪最初的20年里，旅游人数将以两位数百分比增长，全球旅游总人数中有一半以上的旅游者要走进森林。“崇尚科学，珍爱生命，走进大森林，回归大自然”已成为新时期人们最理想的休闲方式和生活时尚。

（3）森林旅游文化的心理要素

主要体现在宗教情绪、道德情操等地方特色文化上。我国地域辽阔，地貌变化复杂，林区特有的深厚的文化底蕴，为森林旅游业的发展提供了一个广阔的舞台，同时也促成不同文化的交流，对于身处异域的旅游者来说，在森林旅游的活动中，他们大多抱有认识异域文化的愿望和好奇心，利用一切机会到林区感知差异的生活行为，从而达到文化上的认同感。

3. 文化的基本特征决定了文化的森林旅游资源的基本特征

文化作为人类创造的物质与精神文明成果，具有地域性、民族性、时代性、继承性、变异性特征。在我们生存的地球上，人们将生存环境概括为：“三山六水一分田”，指的是地球上山地面积占3/10，水域面积占6/10，田地也就是平原面积占1/10。从此看来，森林是人类生存的重要环境。人类面山而居，或择林而处，形成森林旅游文化的特征。由于我国幅员辽阔，森林覆盖茂密，在围绕森林的生存环境中，形成不同的生活习惯，使得森林旅游文化表现了“千里不同风，百里不同俗”的地方特色。在森林旅游过程中，人们对森林的审美需求和审美能力不断提高，森林文化也随之不断丰满、完善，森林旅游的可持续发展，将促进森林文化的可持续发展。

（三）森林旅游行为创造森林旅游文化

狭义的旅游文化内涵，是就旅游本身的旅游项目所体现的文化份额及旅游包含文化的质量而言。广义上讲旅游文化内涵，则是从旅游业本身的特点而言，在管理、决策、服务、旅游产品和纪念品开发、事件旅游、专业旅游，尤其是政府、经营者和旅游者各个方面在整体素质上体现的文化内涵。旅游文化内涵体现在旅游所关联的所有事物，既有有形的也有无形的，既有固定的也有移动的。森林旅游文化内涵体现了旅游服务文化内涵的基本要求。从现在旅游的六个要素来看，主要是指为旅游者提供行、游、住、食、购、娱等方面所包含的旅游文化内涵。森林旅游不只是浏览自然森林景观，更具有丰富的文化内涵。在我国，悠久的历史已将自然山水、林木景观涂上浓浓的文化色彩。从古代的“天人合一”思想到如今的可持续发展战略，人与自然和谐相处、保护生态环境的文化理念应当成为森林旅游文化的核心内涵。

森林旅游行为创造森林旅游文化起着重要作用，其主要表现在以下几个方面：

第一，旅行社为旅游者提供的旅游服务，一切从旅游者的需求出发，而且要为旅游者提供具有文化内涵的服务。

第二，在导游服务上，将森林旅游文化内涵的定义及其体现森林旅游地的特色文化、民间传说和地方特产等介绍给旅游者，使旅游者始终能感受到旅行社富有文化内涵的旅游服务。

第三，宾馆饭店是体现森林旅游服务文化内涵的另一个重要方面，不同层次的宾馆、追求不同风格的宾馆，都将给游客不同的文化感受。

第四，大型旅游文化节庆活动已成为森林旅游目的地旅游的主要活动之一，富有内涵的文化节庆活动不仅深受广大观众的喜爱，而且可为旅游地留下一笔宝贵的文化财富。

第二节
森林旅游文化的内涵及其特点

以森林为主要景观的森林旅游业，是 20 世纪 60 年代以来世界各国为有效地保护森林，改善人类生活环境而兴起的一项独具特色的旅游产业。森林旅游景观以自然森林景观为主。从有关资料来看，中国森林旅游中存在着一种很奇特的现象，即在森林旅游区中往往存在着森林景观与传统文化景观共存的现象。国家《旅游资源分类、调查与评价》（GB/T 18972—2003）中，把我国旅游资源分为 8 大主类 31 个亚类 155 个类型，从大类来看主要有：A. 地文景观、B. 水域风光、C. 生物景观、D. 天象与气候景观、E. 遗址遗迹、F. 建筑与设施、G. 旅游商品、H. 人文活动。森林旅游以森林资源作为主要浏览对象，涵盖了旅游资源分类、调查与评价中的 8 大主类，体现的是人与森林的关系。

张家界
（严小红　摄）

一、森林旅游文化的内涵

1. 森林旅游既属于一种经济现象，更属于一种文化现象

森林旅游文化以生态理念、可持续发展理念作为它的核心，以现代森林文化为基本内涵，表现出来的是人对森林的认识与审美关系。国内有的学者把它定义为对森林（自然）的敬畏、崇拜、认识与创造，以及建立在对森林表示感谢的朴素感情之上的、反映在人与森林关系中的文化现象。它的内容包含了技术领域的与艺术领域的森林文化两大部分：既包括人类在合理利用森林而形成的文化现象，如造林技术、培育技术、森林法规、森林的利用习惯等，也包括人对森林的情感、感性的具体作品，如诗歌、绘画、建筑、音乐等。

由此看来，现代森林旅游文化集中体现在现代人对于森林价值的认识有现代人对于森林的经营理念。在现代人看来，森林作为人类生存环境中的重要一环，它的价值不仅仅在于提供林产品。加强对森林生态系统的保护，建立具有现代特征的生态林业、社会林业是森林旅游在林业可持续发展中的又一产物，现代林业也以生态理论、可持续发展理论作为基本理论，以经济、生态、社会全面发展的综合观作为现代林业的指导思想，注重对森林生态系统的完整性及可持续利用的研究。

2. 森林旅游文化集中体现出对生态的关注

现代森林文化作为文化背景是现代森林旅游文化的基本构成要素，是森林旅游文化的基本内涵之一，决定着森林旅游文化的基本理念。无论森林旅游经营者的经营理念，还是森林旅游消费者的消费理念及审美追求，都以森林的生态特征作为核心，体现出对生态的关注，这是一种文化的要求，这种文化要求体现在森林旅游的吃、住、行、游、购、娱等旅游六要素之中。而森林的旅游文化意义是森林存在与发展的重要条件，森林文化与旅游、现代林业观念的结合使森林的生态意义、文化意义集中到一点，即森林的生态理念与可持续发展的理念。

3. 构成现代森林旅游文化的心理基点之一是传统的文化心理

森林旅游景观蕴含的文化内涵，很大部分指的是传统文化，即在森林旅游区范围之内，或存在着寺庙、道观，或存在着一些名人遗迹、历史古迹等。这种文化共存使历史文化以一种独特的形式融入森林旅游文化之中，成为森林旅游文化中的一个组成因素，使得中国森林旅游的文化内涵具有历史文化的深刻内涵，也使得中国的森林旅游在文化上具有了历史的凝重感，从而显示出森林旅游文化的厚重，这成为中国森林旅游文化独特的亮点。

4. 森林旅游与传统宗教、哲学在文化上是一致的。从旅游的个体而言，民族的文化心理一直影响着旅游者的旅游行为与审美追求。从中国魏晋时代旅游的蓬勃兴起以来，森林旅游即成为中国文人旅游的一个重要组成部分。在历史发展的过程中，逐渐形成了独特的对森林景观的审美追求，中国的传统哲学与宗教，无论是儒家、道家还是佛教，都有一种生态倾向，表现出对自然的回归，讲究人与自然的和谐，崇尚天人合一，在自然中追求生命意义的永恒。

二、森林旅游文化的特点

森林旅游文化诞生于人类在森林中进行的实践，是人类文明的重要内容。现代意义的森林旅游发展的历史尽管很短，但是无论是我国还是世界上的其他各国，森林旅游文化都是人类过去和现在所创造的与森林旅游有关的物质财富和精神财富的总和。人们在森林旅游过程中，自然景观或雄伟壮观，或奇绝灵秀，或妩媚多姿，或浩渺迷蒙，无不给人以美的享受，游客在这里感受最多的是森林旅游文化。在森林旅游过程中，森林旅游文化的凸显，是森林文化的重要表现形式，也是森林文化的载体之一。森林旅游文化具有以下特点：

1. 综合性

美国学者麦金托什说“旅游文化事实上概括了旅游的各个方面”。文化是一个大的范畴，包括人类社会历史实践过程中所创造的物质和精神财富的总和。人们对文化多角度、多侧面的研究也正说明文化内容丰富，外延宽广。从不同视角可以把文化进行细分，森林旅游文化仅仅是其中的一个分支。森林旅游文化着重考察体现在旅游活动中各个方面、各个领域的文化现象之间的相互联系，从而提示这些文化现象背后包含的共同的普遍的本质以及旅游发展的一般规律和特殊规律。森林旅游文化的内涵十分丰富，既涉及历史、地理、民族宗教、饮食服务、园林建筑、民俗娱乐与自然景观等旅游客体文化领域；又涉及旅游者自身文化素质、兴趣爱好、行为方式、思想信仰等文化主体领域；更涉及旅游业的服务文化、商品文化、管理文化、导游文化、政策法规等旅游介体文化；还涉及旅游学、旅游心理学、旅游市场营销学、旅游管理学、旅游社会学、旅游文化学等对旅游活动进行研究的综合领域。从旅游文化的结构体系来看，应包括最外层的物质文化，如建筑、园林、器物、工具、饮食、服饰等，这些都是有形的，有能被人的感知器官所能感受到的物质形态。还包含旅游文化的中间层次，即制度文化和行为文化两个方面。

2. 继承性

森林是人类文明的摇篮，是孕育文化的源头之一，它保留了过去的生物、地理等方面演化进程的信息和文化，以其独特的形体美、色彩美、音韵美、结构美，对人们的审美意识、道德情操起到了潜移默化的作用。森林的人文内涵，具有极其珍贵的历史价值。森林旅游目的地的传统本土文化是吸引旅游者的原动力，而旅游文化的形成则因其不断更新的变异性而具有时尚性。传统与时尚并存，体现了旅游文化在传播当地原生文化、融合外来文化、形成新的文化吸引力的过程中特有的性质。正如中国文化几千年来不断融合外来民族文化的历史过程一样，森林旅游文化也正是在南来北往的旅游者带来各种异域文化冲击的过程中，实现着本土文化与外来文化的交流、融合。森林旅游业提供的旅游产品、所凭借的资源既有人文的又有自然的，既有历史遗留的又有今人创造的；所需要的设施条件，既包括旅行社设施，又包括以饭店为代表的餐饮住宿设施和交通客运设施；所提供的服务不是某一单项服务，更不是某一具体物品，而是由吃、住、行、游、娱、购等多种服务项目构成的综合体。

3. 生态伦理性

人类受赐于自然，同样也受制于自然。森林旅游是利用森林所特有的环境、奇丽的景观和美学价值为社会提供服务。作为一种独特的旅游方式，森林旅游因追求健康、释放压力、缓解疲劳而越来越受到人们的青睐。生态旅游伦理是指在生态旅游地开展生态旅游所依据的生态学伦理思想。它不是一般意义上的社会伦理，而是将人与自然、生态、旅游三者密切地联系起来的关于人与自然、人与生态、人与旅游的关系的伦理，将它们综合为一体，则可称为人与生态旅游环境关系的伦理。作为一种全新的旅游方式，生态道德是发展生态旅游的道德保障。对开发者来说，开发要有一个限度，即道德界限；对经营者来说，要始终将真善美三者兼顾起来，采取多种形式广泛开展生态道德教育；对旅游者来说，要从多角度接受现代生态伦理的学习与教育，在具体的旅游活动中，体现人与自然的和谐统一。

4. 地域性

地域性差异正是形成旅游者旅游活动的吸引力之一。中国幅员辽阔，地域文化千差万别，丰富多彩。我国自然资源十分丰富，目前著名的生态旅游景区大致可以分为九类，即山岳生态景区，以五岳、佛教名山、道教名山等为代表；湖泊生态景区，以长白山天池、肇庆星湖、青海的青海湖等为代表；森林生态景区，以吉林长白山、湖北神农架、云南西双版纳热带雨林等为代表；草原生态景区，以内蒙古呼伦贝尔草原等为代表；海洋生态景区，以广西北海及海南文昌的红树林海岸等为代表；观鸟生态景区，以江西鄱阳湖越冬候鸟自然保护区、青海湖鸟岛等为代表；冰雪生态旅游区以云南丽江玉龙雪山、吉林延边长白山等为代表；漂流生态景区以湖北神农架为代表；徒步探险生态景区以西藏珠穆朗玛峰、罗布泊沙漠、雅鲁藏布江大峡谷等为代表。旅游者在旅游的过程中，又会缩小客源地与旅游目的地之间的文化差异，在形成新的旅游文化的同时，也呈现了森林业旅游文化的地域性特征。

5. 民族性

文化有很强的民族性。任何民族都有自己的文化，它们的地域性决定了文化的差异性，但是，地域文化在发展过程中，必然相互联系、相互交流，而人类的旅游活动，就是各种文化相互交流、相互结合的过程。中华民族有着悠久的历史、灿烂的文化。五千年的传统文化是我们取之不尽、用之不竭的精神食粮。森林旅游文化植根民族传统的基础上，在加强旅游文化建设的过程中，必须重视突出中国文化特有的传统，中国人特有的建筑、园林、雕塑、绘画、民俗风情，中国人特有的思想观念、精神追求、审美追求、道德情操等，只有这样才能具有特色，才能具有吸引力。

第三节
森林旅游的产业文化

旅游业是当今世界发展速度最快、发展势头最强劲的产业之一。现代旅游的发展趋势，是以森林旅游为主体的生态旅游越来越受到世界各国的重视，有专家预测，在21世纪最初的20年里，森林旅游人数将以2位数百分比增长，全球旅游总人数中有一半以上的旅游者要走进森林。可见，我国森林旅游产业有着十分巨大的市场潜力和广阔的发展前景。

森林旅游的产业文化就是以森林资源为依托、以森林景观为主体、以人文景观为点缀、全面发挥森林资源的生态效益、社会效益和经济效益的各种旅游要素相配套的综合型产业。我国的森林公园蕴藏着极为丰厚的森林生态资源，其中包括众多大自然景观和人类文明活动遗存的人文景观，是我国开展森林旅游文化的主要景区和产业发展的主要载体，同时也是生态科普教育基地和生态环境教育的社会大课堂。

一、我国森林旅游产业文化发展的特点

（一）以资源为依托的市场定位

我国是世界上森林生态系统类型最多的国家之一，广袤的林区蕴藏着复杂多样的森林植物群落和丰富的动植物资源，有许多独具特色、风光秀丽的森林自然生态景观资源，如山岳地貌型、名胜景观型、天象景观型、山林水一体景观型、立体自然景观型、森林草甸、草原景观型等。不同的森林资源体现不同的文化：泰山、恒山、太白山等国家森林公园是我国山岳文化的代表；张家界、千岛湖、九寨沟等国家森林公园是我国山水文化的代表；哈尔滨、福州等国家森林公园是我国城市森林文化建设的代表等。森林自然生态景观与作为点缀的历史文化和民族风情等人文景观交相辉映，共同构筑了各具特色的森林旅游文化资源。森林旅游是典型的形象产业，森林旅游文化产业的发展一般是以资源为依托，将自身天然的资源优势和消费者心理需求创造性地结合起来，突出鲜明的主题定位，走特色化经营与发展之路。比如，黑龙江伊春森林生态旅游确立的“绿色伊春，生态家园”的主题定位，湖北十堰森林生态旅游的“神游武当仙山，回归绿色天地，追溯远古文化，感受现代文明”，云南西双版纳生态旅游的“绿色世界之旅”等。

（二）以森林生态文化为主体的集合化产品内涵

旅游产品的组合类型越丰富，旅游产品就越饱满而生动，综合吸引力就越强，可持续发展的生命力就越持久。旅游资源的互补性组合可大大提升旅游景区的竞争力。我国的森林资源不仅包括众多的自然生态景观，也包含体现人类文明活动的人文景观。许多森林生态资源与民俗风情、历史文化等相连接，具有天然的旅游资源集合优势。在森林生态之旅中，游客不仅能体验森林生态文化，也能感悟历史文化和独特的民风民俗，自然景观和人文魅力相得益彰、多姿多彩，如九华山、普陀山等国家森林公园是森林生态文化与佛教文化的结合，武当山等国家森林公园是森林生态文化与道教文化的结合，西双版纳等国家森林公园

是森林生态文化与少数民族文化的结合，而狼牙山、黄崖洞、大别山等森林公园是森林生态文化与革命历史文化的结合。森林生态旅游文化的开发是生态资源和人文资源综合开发，打造以森林生态文化为主体的旅游集合型景区。集合型旅游产品符合旅游产业开发的一般规律，是森林生态文化旅游景区开发和发展的一种趋势。比如，腊子口国家森林公园就是以天然山水生态园林为基础和主体，融汇了当地淳厚质朴的甘南风情、安多藏区悠远的历史文明和独特的民俗、红军长征腊子口战役等历史文化内涵，通过不同类旅游资源的组合开发增强了腊子口森林旅游的吸引力。

（三）旅游项目开发的多样化文化展示

随着经济与社会的发展与进步和人们文明意识的提高，走马观花式的感性之旅正向感受生态文化魅力的知性之旅转变。以满足消费者需求为出发点，顺应游客对旅游的趣味性和人性化的需求趋向和现代旅游参与性的发展趋势，一些景区开始通过深入挖掘森林旅游文化内涵、开发多样化的旅游项目、运用丰富多彩的表现手段和方式将文化内涵生动地展示给游客，增加旅游项目的生动性、趣味性、参与性和新奇感，增强森林旅游文化的吸引力，营造一种让游人在游憩之时能潜移默化地体悟到森林文化价值的气氛，让游客在旅游过程中轻松自然地体验与感悟其中的文化元素，客观上达到“寓教于游、寓教于乐”的旅游效果，如导游解说、博物馆、展馆、书籍出版、光盘制作、艺术表演、特色节庆等。国内一些森林公园对此进行了有益的尝试：上海佘山国家森林公园每年举办兰笋文化节、宗教文化节、重阳登高节、古树名木认养等森林旅游文化主题活动，开发了一系列参与互动性、科普性强的旅游项目，佘山国家森林公园已经成为上海市民与自然进行精神交往和心灵沟通的都市后花园；青海北山国家级森林公园将生态文化、宗教文化和民俗文化有机整合，开发以“生态环境保护”为主题的夏令营活动、民族舞蹈表演、民俗活动（花儿会、跑马会等）、品尝藏土风味饮食等文化氛围浓郁的生态旅游项目。

上海佘山国家森林公园（来源：昵图网）

（四）森林生态环境的自然局限性

旅游业的可持续发展是一个重要课题。与一般的旅游业相比，森林生态文化旅游业更注重可持续发展，因为森林生态环境具有天然的脆弱性，一旦破坏就需要很长时间来恢复，有些生态极其脆弱的地区甚至永远不可恢复，况且被破坏的森林资源也会失去其生态旅游价值，因此森林生态旅游业特别重视旅游发展与资源保护之间的平衡，注意森林生态景观的自然性、完整性与原生性，在森林自然环境的生态容忍限度内进行旅游开发，避免过度开发与旅游污染，以保持森林生态文化旅游持久的吸引力。我国众多的森林公园从建立之初就十分注重森林生态资源的保护，并通过多种方式将森林资源保护与开发利用有机地结合起来，将森林保护与开发利用的矛盾化解为一条可持续发展的生态利用之路，形成良性循环。

二、我国森林旅游产业发展现状

一是森林旅游产业的开发建设受到社会各界的广泛重视。以森林公园的开发为例，2001—2005 年，投入森林公园开发建设的资金达 278 亿元，基础设施和旅游服务接待设施等条件明显改善，产业规模不断壮大。目前，全国森林公园旅游线路达 6 万多千米，旅游接待床位数 36.3 万张，就餐容量 38 万个，直接从事森林旅游的职工人数 103 372 人，其中导游 9 234 人，分别是“九五”期间的 2.9 倍、3.1 倍、2.5 倍、2.2 倍和 3.4 倍，初步形成了森林旅游产业“吃、住、行、游、购、娱”六要素配套发展的服务体系。

二是森林旅游产业带来的效益快速提高。据不完全统计，2001—2005 年，全国森林公园以门票为主的旅游收入达 260 亿元，是“九五”期间直接旅游收入的近 6 倍，全国已涌现出一批旅游收入超千万的森林公园，森林旅游产业逐步成为林业产业中最具活力和最具发展前景的新兴产业，这也标志着对森林资源的经济利用方式发生了重大转变，走出了一条不以消耗森林资源为代价，又能充分发挥森林的社会、经济、生态三大效益，促进林业全面可持续发展的新路子。

三是森林旅游产业的带动功能得到充分发挥。2001—2005 年，平均每年投入到森林公园建设和森林旅游发展的资金数量超过 50 亿元，平均每年实现森林旅游的社会综合产值近 800 亿元，直接推动了地方经济的发展，有力地促进了不少边远地区道路、交通、通信、水电和城镇建设的发展，一些昔日的小山村，如今变成了新兴的森林旅游小城镇。5 年来，全国森林公园建设共为社会提供直接就业机会近 50 万个，不少贫困山区的农民依托森林旅游业摆脱了贫困，走向富裕。

案例

福建三明林业学校格氏栲森林人家

依托福建三明林业学校成立的三明市文笔生态旅行社，下设三明林校格氏栲森林人家，大力开展森林旅游，并为森林生态旅游专业学生提供实习与就业平台。格氏栲森林人家的建设为学校树立了森林生态旅游品牌形象，使之成为学校开展森林文化科普教育的一张名片。依托学校作为“福建省科普教育基地”、“三明市科普教育基地”的优势，积极开展“走近森林”科普教育活动，在“森林人家”各园区内设置森林生态文化宣传牌，全方位开展科普教育宣传活动，定期组织师生深入“森林人家”开展户外拓展训练、社会实践及科普夏令营等活动，让学生在融趣味性、启发性和体验性于一体的活动中受教育。

三明林校格氏栲森林人家地处三明郊区，其宜人的气候条件，为三明市及周边城市提供一个休闲度假、避暑纳凉的休憩场所。毗邻格氏栲自然保护区，临近泉三高速公路，优越的地理位置为开发森林人家旅游奠定了坚实的基础。

格氏栲森林人家具有幽静的森林环境，80%为格氏栲，特别是3月花期开放，漫山遍野的淡黄色格氏栲小花，淡淡的清香，微风吹面，心旷神怡。同时，格氏栲森林人家集山、水、林于一体，自然趣味突出，游客深入其中，即可增添生活情趣，又能活跃城市景观。

格氏栲森林人家北邻格氏栲国家森林公园入口，东接格氏栲保护区，南邻楼源村，西靠楼源村村路。东西长1千米，南北宽0.5千米，总面积50公顷。

格氏栲森林人家以自然山、水、森林景观为主体，自营经济为基础，建设成为集休闲度假、避暑纳凉、科普教育、游览观光、修身养性为一体的多功能旅游度假区。

格氏栲森林人家（陈德旺　摄）

根据格氏栲森林人家的分布特点和景区性质，我们将格氏栲森林人家划分为：森林游憩区、竹类科普区、果树观光区、烧烤区、垂钓区、健身娱乐区、养殖区、中草药观赏区八大主要景区。各景区即可反映不同景区的特色，同时也可反映格氏栲森林人家的总体特点，使每位游客进入景区观赏、感受到不同的情趣。

一、景区景点建设

1. 森林休憩区

该区位于公园的南部，面积12公顷，景区全长1 000米，区内幽静清雅，林木阴郁，苍翠满目，季相丰富，景色优美，是不可多得的天然森林游憩场所，是度假避暑、陶冶情操和领略大自然风采的佳境。

区内具有独特的植物群落及林相配置，有格氏栲、米槠、甜槠、酸枣、马尾松、青栲、罗汉松、枫香、朴树、泡桐、千年桐等乔木树种组成的阔叶林，景色优美，郁郁葱葱。

该区是理想的科普教育基地，通过对其进行适当的林地整理，并对林种的木本植物和珍贵的草、灌木进行挂牌介绍，注有科、属、种学名以及植物显著的生物学特性、使用价值等，使游客回归自然的同时，通过挂牌介绍，识别植物，增长林业知识。

2008年该景区被授予“三明市科普教育基地”、2010年被授予“福建省科普教育基地”。

2. 竹类科普区

该景点位于森林人家东南部，面积11公顷。竹类植物不但具有适应性强、用途广泛、经济价值高等特点，而且具有“未出土时便有节，及凌雨云处便虚心”等优良品质，因此，历年被认定具有特殊的观赏价值。根据现有林地状况和景观需求，引进了一定数量市场前景好的黄甜竹、苦竹、红哺鸡竹、乌哺鸡竹、雷竹、石竹、早竹、四方竹、角竹、麻竹、绿竹11个优质小径竹，既满足景观需求，也可供科学教育研究、游客食用及市场销售。

森林木屋（王邦富　摄）

该区采用自然式布局，以石为材修建竹径，深入竹林，游道旁设置石桌、石凳等基础设施，供游客歇脚休息。对坡度较大的局部带状平整，以便于游人游览。规划在区内修建闽北斗笠造型的竹亭2个，平顶竹廊1处，面积40平方米的竹楼1处。同时，可适当考虑小巧玲珑的竹制品用于销售。

竹林（何荣财　摄）

果树（王邦富　摄）

烧烤区（王邦富　摄）

3. 果树观光区

该景点位于格氏栲森林人家的东北部，面积 10 公顷。

园内种植有柑橘、脐橙、板栗、杨梅等系列名特优产品。目前，园内佳果累累，果香扑鼻，游人入内，可尽情观赏、选购、尝鲜，别有一番情趣。

该区可供游人入园观赏，亲自采摘和品尝时令或新引进的优良品质的各色水果。

依据游览线路走向，划分不同种类的果园区，如芦柑小区、脐橙小区、栗园小区等。每小区依果树的不同花期及成熟进行合理配置。果树品种除汇集本地的优良品种和引进新品种外，还可根据果树的生长习性，套种一二年生的珍果类植物或部分经济作物，以丰富果园品种，力求达到一年中旅游季节均有观赏、品尝的效果。同时，还在区内种植花卉，强化景观效果，是游客移步观花，举手摘果，抬头吟诗，低头品尝，犹如步入仙境。

为满足游客休息、品尝需求，在果园半坡及小山头设具有艺术品位的葡萄架、亭、台、凳等设施，

4. 烧烤区

该区地势平坦，紧邻水源，建有烧烤台，同时配套洗手池，可为旅游者提供烧烤。不久将来还将搭建石桌或木质长桌供游客处理食材，满足游客自给自足，集体烹饪的乐趣。

5. 垂钓区

该区现有成片的鱼池，充分利用现有鱼池，在鱼池周边修建了木栈道及艺术护栏，并种植了红花檵木、千层红、爬山虎、炮仗花等乔、灌、藤观花植物，并划分了不同区域，修建垂钓区、休息区。并出租钓具，为城市居民休闲垂钓活动提供场所。

6. 健身娱乐区

位于森林人家入口的左侧，现有篮球场，两侧有成片的杜鹃、千头柏、雀舌黄杨、鸡爪槭，每当清明前后，繁花似锦，灿烂无比。区内设有户外体育健身器材及活动式的乒乓球桌。

7. 土鸡土鸭养殖区

该区位于格氏栲森林人家东北部。目前，该区已形成一定规模的养殖业，有鱼塘 5 亩，土鸡 500 头，土鸭 600 头。

采用圈养、放养等饲养方式，建立土鸡土鸭养殖区，同时设置平台，供游客投喂、逗乐。增添炉灶，供游客自主烹制土鸡土鸭，享受野外烹食的乐趣。

8. 中草药种植区

区内树木葱茏，乔木、灌木相互交织，林间布局合理，可利用自然环境优势，林下套种中草药。种植的草本类中草药有：七叶一枝花、石蒜、麦冬、天南星、六角莲、鱼腥草、车前草、益母草、茵陈、青蒿、山姜、半夏、石菖蒲等；灌木类中草药有朱砂根、草珊瑚、栀子、山苍子、枳、吴茱萸、树参等；藤本类中草药有何首乌、瓜蒌、罗汉果、金银花、雷公藤、钩藤、三叶崖爬藤、金樱子、显齿蛇葡萄、多花勾儿茶、鸡血藤、菝葜等；菌类中草药有：灵芝、茯苓等。也可种植可食用的中草药，如草本类的金线莲、黄精、玉竹、宽叶韭（野韭）、石斛、黄花菜、栌兰、草石蚕、蕨菜、马齿苋、紫苏、（虎尾轮－太子参轮作）、白花败酱、野茼蒿、蜂斗菜、仙草等；灌木类的黄花倒水莲、叶榕（竹叶榕）、

垂钓区（王邦富　摄）

健身娱乐区（王邦富　摄）

土鸡养殖区（王邦富　摄）

红凉伞种植地（王邦富 摄）

山楂、桑、香椿、枸杞、木槿等；藤本类的胶股蓝、猕猴桃、落葵、巴戟天、葛、薜荔；菌类的香菇、黑木耳、草菇、竹荪等。为满足游客休息，品尝药膳需要，在中草药半山坡设置具有艺术品位的亭、台、凳等设施，在餐厅设置有药膳品尝、药饮品尝，小卖部。

同时格氏栲森林人家的开发，也是旅游团体、学者、有关院校实习、科研考察、中小学夏令营、科普教育的好地方。

二、主要的生活区

1. 餐饮区

该区为绿色健康的生态主题餐厅。优美的自然环境，配以返朴清砖，另有一番田园风味。四季各种绿色无公害有机蔬菜及各种野菜、散养家禽，品种丰富的药膳菜、药膳洒、药膳糕点，是温馨的家庭聚会、个人休闲娱乐及商务活动的理想圣地。

2. 住宿区

森林人家有客房 22 间，可同时容纳 64 多人住宿。有 10 人的商务洽谈会议室和 50 人会议室、80 人大会议室各 1 个。会议室设有音响、投影等会议设备。

现有普通双人间 7 间（独立卫生间、热水浴、空调、卫星电视），标准间 10 间（独生卫生间、热水浴、卫星电视、沙发、茶几、空调等），琵琶楼（单卧室、独立会客厅、独立卫生间、热水浴、空调、卫星电视），翠竹楼（双卧室、独立会客厅、独立卫生间、热水浴、空调、卫星电视），黄精楼（双卧室、独立会客厅、独立卫生间、热水浴、空调、卫星电视）。

木屋装修古朴典雅，依山而建，亭台楼阁，浑然天成。以“严和暖”为管理理念，以“用心服务，以诚待客”为服务理念，以“宾客满意”为宗旨，为客人提供细致入微、恰到好处的亲情服务。

森林餐厅一角
（王邦富　摄）

住宿区内室
（王邦富　摄）

三、效益分析

1. 经济效益

格氏栲森林人家建设项目近期投资 187.44 万元，近期年均旅游规模为 7 926 人次，年经营收入项目为住宿、餐饮、商店，生产等四项。

经过多年的科学经营管理，目前果树观光区已形成品种优良、 树体结构合理、生长健壮旺盛、高产、稳产、优质、低耗示范园。2012 年年产芦柑 7.5 万千克，脐橙 2.5 万千克，枇杷、板栗、柿子等杂果3500千克。鱼塘肥沃，通过立体养殖放养山地鸡、水鸭增加鱼塘肥水，年产鲜鱼3000千克。名特优经济竹品种园、竹类科技示范园长势喜人，其中永春大麻、广东小叶麻、毛竹已有较高产量，每年可供应竹苗4 000株和鲜笋1.5万千克。苗圃5亩，年供深山含笑、乐东拟单性木兰、杜英等名优园林绿化苗木6万株。

2. 生态效益

一是森林人家的绿化、美化等生物工程的建设，可以调节气候，涵养水源，保持水土，净化水质，保健疗养，有利于保护自然环境。

二是发展森林人家旅游，兴办绿色产业，有效地控制了公园附近的大气、水源、噪声污染，充分发挥了“无烟工业”的作用，为周围居民的生产、生活及兴办旅游提供了必要的条件。

三是森林人家的建设，有效地保护了生态环境，动植物资源的保护和繁衍，同时也为森林资源的充分利用，发挥其多功能效益创造了条件。

森林人家因在改善环境、保护环境方面所起到的积极作用，多次被三明市格氏栲自然保护区授予“森林保护使者”称号。

3. 社会效益

格氏栲森林人家的兴建，将会促进第三产业的发展，增加以旅游服务为重点的第三产业产值。为社会提供就业机会。

氏栲森林人家为游客旅游观光、疗养避暑、度假休憩提供了良好的环境，对于陶冶情操、振奋精神、促进身心健康起到了积极作用。

依托森林人家中的“高产优质果园”、“科技示范经济竹林”，充分发挥三明林业学校师生的专业技术优势，为当地林（果）农开展栽培技术和病虫害防治咨询，果园经济竹林丰产栽培管理服务，示范、推广新技术、新产品、新品种。先后举办“毛竹丰产栽培技术”、“果树高产优质栽培”等果竹科技讲座100多场次。为学校在科教兴农工作中开辟新天地，增添新光彩。教学林果场曾多次被三明市莘口镇政府授予“科技兴林好榜样”，被楼源村委会授予“脱贫致富的好帮手”。

4. 教学科研效益

森林人家以其优越的地理位置和良好的食住条件以及丰富的教学实习、科研内容，已成为福建三明林业学校森林生态旅游、林果、林业、森保、园艺等专业实施实践教学和师生科研的重要阵地，为增强学生的实践操作技能、丰富专业教师的实践教学经验，提高学校教育质量发挥了极其重要的作用。

第七章

森林文化教育

第一节
森林文化教育的意义

21世纪是生态文明的世纪。人口、资源、环境等矛盾的激化必然导致可持续发展教育向纵深方向扩展，必然要求寻找一种新的教育模式。生态文明教育是当前解决人口危机、环境危机、粮食危机、能源危机等一系列生态问题的重要手段之一，是人类摆脱生态危机的有效途径。在学校，森林文化教育作为生态文明教育内容的重要组成部分，对培养德智体美全面发展的社会主义建设者和接班人具有重要意义。

森林文明是人们正确对待森林文化问题的一种进步的文明观点。森林文明是在一定意义上的森林文化和文化理念、生产和生活活动理论的指导下，人们开展各种生产和其他社会活动，促进人类社会的文明与进步的新型文明。森林文明教育是学校教育体系中重要的一环，是实施素质教育的重要手段。

国家环保总局、教育部在1998年自然灾害后对全国范围内公众的环保意识进行了调查，调查结果显示：在我国，环保知识总体来说还比较缺乏，人们环保意识不强。调查发现，青年人的环保意识与水平普遍高于中年人，中年人的环保意识与水平普遍高于老年人。青少年环保意识较强的原因是绝大多数青少年都在课堂上接受过有关环保知识的教育，青少年70.3%的环保知识来自于学校的课堂，而课堂是他们森林文化保护意识的最直接源泉。中国人民大学社会学专业的研究人员在2003年组织开展了“2003年全国综合社会调查”活动，其中社会居民森林文化意识内容的这一部分调查结果显示：在接受了大学本科以上教育的青年中，有超过一半的人高于71分。在1998年和2003年这两次森林文化意识调查中可以得出，我国的森林文化教育走进课堂的做法，确实使人们的文明意识有了很大的增强，青年学生在接受森林文化教育之后，对森林文化有了一定的认识，并形成了一定的生态意识，对人类社会和自然谐调发展有了一定的概念。而且国家环保部在2014年2月20日向媒体公布的《全国生态文明意识调查研究报告》中显示，公众对建设生态文明与“美丽中国”的战略目标高度认可，78%的被调查者认为建设“美丽中国”是每个人的事，99.5%的人选择了高度关注、积极参与。可以说，我国学校的森林文明教育有了初步的成效，公众的生态意识和森林环境意识有了进一步提升。但在市场经济高度发展的今天，仍然有些人片面的追求学校教育的市场效益或经济效益，对生态文明教育的重视程度不够，部分高等院校在教育过程中只追求就业率，只注重学术和科研活动带来的市场或经济效益，而忽视学校作为培养高等人才的基础作用，教育内容和方法不切实际。

森林危机直接引发全球性生态危机，人类的森林生态环境保护意识的提高，对保护森林起到至关重要的作用。严峻的环境问题迫使人类必须回到文化与文明的源头，即人类与森林的关系上再一次认真反思，重新认识森林和森林文化的重大意义，以寻求延续人类文明的途径。作为学校，强化生态环境意识，培养学生的绿色文明观是教育的重要内容。加强以森林文化为主要内容的绿色文化教育就成为教育的迫切要求。森林和绿色是大地的本色，大自然原本是森林蓊郁、草木茂盛、奇花异卉、鸟兽麇生、生机盎然的。曾几何时，原始森林濒临消失，大片国土成了黄土和沙漠，黄土高原、青藏高原、丝绸之路、河西走廊等曾经茫茫苍苍的绿海，一片片相继被砍秃。我们赖以生存的环境在恶化，我们面临的一次次的生态灾害，都源于原始森林的消失。因此，教师在教授知识和技能的同时，强化森林文化教育，这将有利于提高学生的森林文化素质，形成健康的生态文明价值观和伦理观。森林文化教育应该成为当今学校教育的特色。

近年来，国家重视生态文明建设，党的十八大提出了大力推进生态文明建设的内容。推动森林文化建设，这或许能够为解决生态问题，推动生态文明建设提供一个新的思路。在此基础上，政府积极推动宣传教育，运用广播、电视、报刊、网络等新闻媒体，广泛宣传森林文化的内涵与价值；以学校、公园、剧院等公共服务设施为基地，推动森林文化教育，普及森林科普知识、生态文明观念，倡导绿色生活。并且努力开发精品项目，如生态旅游、森林体验、森林疗养、森林食品等，使森林真正服务于和谐社会建设和人民群众的基本需求，使老百姓感受到森林文化的价值，体会到大自然的珍贵，从而自愿投入森林文化的建设和推广中。

一、森林文化教育是提高森林意识、塑造森林文明的根本途径

森林意识的提高和森林文明的塑造，依赖于森林文化教育。森林文化教育是以森林生态学为依据，传播森林知识和森林文化、提高人们的森林意识及森林素养、塑造森林文明的教育。开展森林文化教育、提高森林意识和塑造森林文明三者构成了一个相互辐射、互利共生、协同发展的“金字塔”范式，而处于金字塔底部的是森林文化教育，它为我们的森林保护和森林文明建设夯实了

基础。保护和建设森林环境，走可持续发展的道路，固然离不开科学技术手段的支持和法规制度的保障，但更离不开人们森林意识的强化和森林文明的完善；而全面强化森林意识和提升森林文明，使每个公民自觉维护与其自身生存和发展休戚与共的森林环境，最行之有效的途径就是实现从“物的开发”向“心的开发”转换，建立多维的森林教育体系，进行全民森林文化教育。

二、森林文化教育状况和质量是衡量国家文明程度的重要标志

著名的美国民权运动领袖马丁·路德·金说：“一个国家的繁荣，不取决于她的国库之殷实，不取决于她的城堡之坚固，也不取决于她的公共设施之华丽；而取决于她的公民的文明素养，即在于人民所受的教育，人民的远见卓识和品格的高下。这才是真正的利害所在，真正的力量所在。”建设生态文明，是关系人民福祉，关乎民族未来的长远大计。党和国家倡导在全社会牢固树立生态文明观念，教育的发展与时代有着内在的、直接的、多方面的关联，中国生态文明建设趋势必然对生态教育提出新的更高的要求。提高生态文明意识，促进人类与自然，人类与森林的和谐，离不开教育。森林文化教育的目标是解决人与森林之间的矛盾，调整人的行为，建立森林伦理规范和森林道德观念，教育人正确认识自然环境的规律及其价值，提高人对自然环境的情感、审美情趣和鉴赏能力，为每个人提供机会获得保护和促进森林环境的知识、态度、价值观、责任感和技能，创造个人、群体和整个社会环境行为的新模式。为解决日渐严重的森林问题，世界绝大多数国家都先后设立专门机构、采取经济和立法及技术手段保护自然森林环境，其中，英、德、美、俄及南非等国较早地开展了卓有成效的森林文化教育，森林保护和环境治理成绩显著，从“寂静的春天”已变成鸟语花香的人类家园；而另一些国家由于忽视公民的森林文化教育，人们森林知识贫乏，环保意识淡薄，缺乏参与森林建设的意愿。由于人们的观念偏差和行为不当，逐级引发了一系列具体问题，最终综合体现于森林环境恶化。

三、森林文化教育为实现可持续发展提供精神资源

西方产业革命以来，随着科学技术水平的迅速发展，人口的急剧增长，人类的社会活动的规模、程度不断扩大，向自然索取的能力和对自然干预的能力也日益增强，致使森林危机越来越严重，森林破坏正在逐步以公开或隐蔽的方式威胁着人类自身的生存。

随着人类对环境危机的广泛认识，森林文化教育逐渐走出森林学专业领域，置身公众舞台。人们越来越清醒地意识到，森林问题的背后所隐藏的是人的价值取向问题，森林文化教育不仅仅能使人们获得对森林系统知识的认知，而且更具有突破“知识本位”，引导和帮助人们树立正确森林价值观和塑造美好的森林情感的功能。因为只有热爱大自然，才能自觉爱护环境，维护森林平衡，才能促进人与自然的和谐，实现经济发展和人口、资源、环境相协调，坚持走生产发展、生活富裕、森林良好的文明发展道路，保证一代接一代地永续发展。因此说，森林文化教育是“防范胜于救灾”的最有效且最持久的森林保护手段。

四、森林文化教育是构建和谐社会的必然要求

人类是自然界发展的产物，人类和人类社会是伴随着自然环境一起成长和发展进步的，自然界是人类和人类社会的存在和发展的重要基础，人与自然、社会是一种相互依存、相互促进、相互影响的关系。人类的任何发展，包括经济、文化、政治等方面都离不开自然的馈赠，只有依靠于自然才能创造。良好的生态环境是可持续发展的雄厚的物质基础。人类是自然的客观产物，自然是人类发展的母体。因此，生产实践活动应该以人与自然的协调发展为基础，而不是以人类中心主义这类错误的主观的思想为指导。

我国提出建设生态文明的理念，强调要建立人与自然的和谐相处关系，生态文明作为一种崭新的文明形态，是科学发展观的丰富和发展，是贯彻落实科学发展观的客观要求和重大举措。森林文化教育作为生态文明教育中的一个重要内容，是加强森林环境保护，树立森林文明意识，实现人与自然和谐相处，是贯彻落实科学发展观的重要内容，也是构建社会主义和谐社会的重要举措和全面建设小康社会的重要目标。生态文明建设是一个长期的渐进过程，需要全社会通力协作和持续推进，需要若干代人的不断努力。广大中小学生作为未来的建设者和接班人，承载着国家的未来和民族的希望，加强森林文化教育，提高中小学生的生态文明素质，既是当前加强生态文明建设，全面建设小康社会的现实需要，也是持续推进生态文明建设，实现未来经济社会可持续发展的必然要求。

五、森林文化教育是学校培养全面型人才的重要内容

未来社会是一个全面发展的社会，人类奋斗的最高理想是人的全面发展。人类的自我完善和对未来的美好追求，是衡量一个社会的最高价值尺度，是一

个与社会中文化、政治和经济发展相协调的历史过程。当代学生是社会主义建设的继承者和接班人，森林文化教育不仅有助于启迪学生热爱森林，培植生态文明理念，而且对学生全面发展具有重要作用。对学生进行素质教育的根本目的和价值在于培养人自由而全面的发展，这也是马克思主义有关人的发展的最高理想。我们党强调的教育，也正是对这一科学理论的伟大实践，也正是这一命题决定了思想政治教育作为人的思想教育，应在培养学生素质教育并使之全面发展的过程中发挥关键作用。树立正确的森林文化价值观是思想政治教育的一项重要任务和教育目标，是形成社会和经济发展的文化和政治思想以及道德反思的需要。

回顾我国教育的历史，我们一直没有“森林文化教育”的概念，所以也谈不上注重森林文化教育，甚至导致了一些蔑视森林文化观念的传统习惯。重视和大力发展学校森林文化教育，把森林文化教育纳入教育体系中，是学校学生素质教育中的新问题。在学校教育过程中强调森林文化教育，改变学生思想方式和规范他们的行为与森林文化的关系，是人与自然的和谐在思想政治教育过程中必要性的体现。

第二节 森林文化教育的内容

森林文化教育是指人类为了实现可持续发展和森林文明建设的需要，而将森林文化学思想、理念、原理、原则与方法融入现代全民性教育的森林学过程。

森林文化教育有着极为丰富的内涵，涵盖各个教育层面，包括学校教育、社会教育、职业教育。其教育对象包括全社会的决策者、管理者、企业家、科技工作者、工人、农民、军人、普通公民、大中专院校和中小学校学生；教育方式包括课堂教育、媒介宣传、野外体验、典型示范、公众参与等；教育内容包括森林文化理论、森林美学、森林文化、森林健康、森林安全、森林价值、森林哲学、森林伦理、森林工艺、森林标识、森林文明等。森林文化教育的行动主体包括政府、企事业、学校、家庭、宣传出版部门、群众团体等。通过森林文化教育使全社会形成一种新的森林自然观、森林世界观、森林伦理观、森林价值观、可持续发展观和森林文明观，实现人类、社会、自然的和谐发展，构建一个和谐的社会。

生态文化素质要求人类改造自然、利用自然的同时必须保护自然、爱护自然，必须改变工业文明以来人类中心主义观念，树立人与自然平等的观念，正确处理与协调好社会发展与自然环境的关系。正确的生态观是建设生态文明、解决人类生态环境问题的基础。文化教育应当积极发挥教育功能，努力培养大众树立正确的生态观，提高大众生态文化素质，推动生态文明建设。

森林文化教育是提高人类生态文化素质的重要途径，是一种新型的道德教育活动，教育工作者从人类与森林相互依存、和睦相处和互惠共生的生态道德观出发，启发引导人们为了人类长远利益和更好地享用自然、享用森林、享用生活，自觉养成保护森林的意识和相应的道德习惯。其实质就是要求广大受教育者以道德理念去自觉维系生态平衡、森林保护和不可再生资源的可持续利用。人类在不同的发展阶段都有不同的价值标准，在社会经济发展迅速的当代，人与自然的关系日益密切，人类生存依赖自然，但在人类自身发展的过程中，森林面积的减少、生态平衡的破坏、自然环境的污染、经济发展中的资源浪费等现象也很严重，这些问题的产生不仅出于科学上的无知或技术能力的欠缺，也与人们的道德水平直接相关。建设森林文明，就是为了人与森林关系的协调发展，确立新型的人与森林的和谐关系。为此，建立森林文化道德是必要的。森林文化道德作为调节人类与森林关系的行为规范和准则，其基本价值指向是追求人与森林的和谐发展。人并不是自然界无所不能的主宰，人与自然界的各种物种构成了一个动态平衡的生态系统，各个物种的存在并不是依赖人类而存在，而是有着自己的独特规律和价值，人类只是自然生态系统中处于相对优越生态地位的一个环节，在拥有优越生存地位的同时也必须担负相应的道德责任，即维护生态平衡，保证生态环境的可持续性。

森林文化教育是培养森林文化道德的重要环节。在森林文化教育中，要传播人与森林的和谐共同发展的理念，加强人们对生态平衡重要性的认识，开展自然价值意识和森林文化意识的教育，进行绿色消费意识和适度消费意识的教育，以及实施森林保护意识和森林创造意识的教育。在文化素质教育中，赋予道德伦理与时俱进的生态内容，既是一种道德伦理文化的发展过程，也是一种教育功能的实现过程，可以普及现代森林理念，为生态文明建设提供精神价值支撑，发挥道德应有的精神激励和行为规范作用。

森林文化教育的内容主要包括以下四个方面。

首先，充分认识保护森林的重要性，教育培养日常生活习惯。森林对于人类至关重要，主要表现在森林提供了供人和动物呼吸的氧气，吸收工业和生活中排放的二氧化碳；森林调节地表径流，涵养水源，避免水土流失；森林减低风速、吸附尘埃，吸收硫化物等有毒气体；城市绿化带可以消纳噪声，降低噪声污染；森林是地球上生命最为活跃的重要地区。然而，森林正在迅速消失。如果失去森林，地球生态系统就会崩溃，人类就将无法生存。人类必须尊重与爱护森林与自然环境，树立自律意识与平等观念，要顺应森林规律，倡导健康的生活消费方式，使保护森林观念与人的日常生活紧密结合起来，比如少用一次性筷子、一次性纸巾、一次性纸杯，办公使用再生纸，多用环保铅笔等。千百万人的习惯是一种强大的力量，每个人都要养成生态环保的日常生活习惯，在全社会形成爱护保护森林意识，从而推动生态文明建设。

其次，强化责任意识，树立森林道德观。森林文明究其实质还是一种人类社会的现象，在人与森林关系的背后离不开人与人的关系。因此，开展森林文化教育，建设森林文明，必须重视人自身的教育培养，这意味着不仅要对人进行道德、政治、经济、文化等方面的教育，还要考虑森林文明建设背景下对人进行生态教育，其重要内容就是教育人类要有保护森林、保护生态环境的责任感，要为后代保留足够的资源，增强生态、资源和环境等方面的基本意识，使他们能理智而友善地对待森林与环境，尊重森林的生存权和发展权，尊重树种的多样性，谋求人类和森林在动态平衡中的协调发展。教育培养出了具有森林与生态人格的人，才能敬畏森林，善待生命，才能克服人类中心主义，才能推动人类社会与自然环境和谐发展，生态文明才能真正建立起来。

第三，普及森林文化知识。开展森林文化教育，主要的任务是宣传普及森林文化知识。因此，必须重视课堂教学。森林文化意识应贯穿于包括文化素质课在内的有关人文课程之中，使学生在知识的学习中，接受森林文化教育。利用文化素质课开展森林文化教育，必须进行有效的课程改革，改变传统文化素质课以理论讲授为主的教学模式，强化实践教学。可以打破传统课堂教育的封闭式教学，实行开放式办学，比如请实践一线的人参与课堂教学，增加课堂教学的直观性；还可以组织大众走进森林，亲近森林，参观调研现场，大森林具有直观性、生动性，容易给人震撼，可以更好地使理论与实践结合，达到森林文化教育的目的。

第四，挖掘森林文化教育价值，参与教育宣传普及森林生态文明的活动。森林文化教育作为一门新兴课程，不仅要培养受教育者的森林保护意识，而且应该开发其中的德育价值，包括自然价值、社会价值、实践价值、个体价值、美学价值、规范价值等，使其转化为现实的教育力量。建设森林文明，必须面向社会，深入实际，动员、教育全社会成员参与其中，没有全社会成员的积极参与，森林文明建设难以开展。加强对受教育者进行森林文化教育，一是抓好森林文化知识的普及工作。利用校园宣传、网络服务、课堂教学、社会实践、党团活动等形式，开展各种生动具体的森林文化知识普及活动，使受教育者在学习专业知识的同时，学到有关森林文化方面的知识，懂得森林发展的规律，提高对森林发展的认知。二是充分利用学校人才资源优势，创造具有鲜明特色的森林文化校园。组织专家和教师加强对森林文化的相关问题进行研究，或从森林发展的角度考虑文化的创新，并把建设和研究出的成果反馈社会，直接或间接推进生态文明建设的进程，使人们不仅能直接分享森林文化方面的研究成果，而且使他们切身感受社会对森林文化的认同，有利于生态文明观的形成。三是建设学校良好的森林文化环境。从生态系统观的角度来看，一所学校就是一个生态子系统，在学校中建立起相互尊重的人伦关系，爱树惜草、保护环境的良好传统，陶冶人文精神的校园景观，形成良好的氛围和德育养成环境，对受教育者来说，这本身就是一个很好的品德教育。

第三节
森林文化教育的途径与方法

森林文化教育主要承接森林文化文明建设对教育内容更新的要求，以森林文化知识作为教育的一个主要内容，目的是培养森林文化意识，普及森林文化知识，从而使学生乃至全体公民能够自觉保护森林、建设我们所处的地球家园。现代发达的物质文明与全球化经济的迅猛发展，造成了各种各样的环境破坏，人与环境的关系日益恶化。严峻的环境问题迫使人类必须回到文化与文明的源头，即人类与森林的关系上再一次认真反思，重新认识森林和森林文化的重大意义，以寻求延续人类文明的途径。正是在这样的背景下，近年来国内对森林文化的研究日益升温。现在学术界虽然对森林文化的概念没有形成一个统一的定义，但对之有一些共同的认识：首先，森林文化以森林为背景或载体；其次，森林文化体现了森林的人化。随着人们对森林文化的逐步认识，以教育为支撑，森林文化建设得到发展。综合来看，当前森林文化教育的发展趋势主要是：第一，森林文化教育对象层次化。也就是将不同的对象群体看作为不同的生物种群，根据各个种群的不同特征设计不同的教育内容，采取不同的教育方式，其中，特别注重普通公民和在校学生这两个群体的区别。第二，森林文化教育内容的结构化。根据内容构成要素和组织方式将森林文化教育的内容形成合理严密的结构，从而改变原有森林文化教育内容零散性、随意性的状况，使受教育者获得系统化的森林文化教育知识。第三，森林文化教育方式的多样化。根据森林文化教育对象和内容的不同特点采用多种教育方式，从而改变原来较为单一的单讲授式或单活动式的教育方式，提高受教育者的学习兴趣和积极性，不断提升教育效果。

一、森林文化教育的途径

现阶段森林文化教育并没有引起社会的足够重视，各种奢侈消费、劣质消费以及一次性消费现象提示我们，很多人都缺乏森林文明的意识和行为习惯。学校是森林文化教育的主阵地，在学校教育中，森林文化教育要形成常态，进一步完善从小学到大学的学校文明教育格局。

（一）从小抓起，完善森林文化教育格局

目前，世界各国实施生态文明教育的课程模式主要有三种：一是单独设立环境教育课；二是在学校各科教学中渗透环境教育，而不单独设课；三是在一些实施“综合主题”课程模式的学校，以环境教育的若干主题为线索，将各学科或各领域教育内容综合在一起设计和组织教育活动。相较而言，我国的生态文明教育起步较晚，存在诸多不足：一是缺乏总体的目标和计划，致使这种教育仅停留在对公众宣传的水平上；二是处在义务教育阶段的中小学尚未把“生态文明教育”作为一门独立课程开设；三是“生态文明教育”的内容较为散乱，未能形成上下贯通的完整体系，具体施教则带有很大的随意性。因此，学校进行包含森林文化教育内容在内的生态文明教育要以培养学生的可持续发展理念为目标，形成课内与课外有机结合，课堂教学与校园环境育人相互补充，基础教育与职业教育和高等教育有效衔接的教育体系。从小学开始，在各级学校课程教育中开设有关森林文化的基础性公共课程，同时，依靠传统学科课程渗透森林文化、生态环保知识和森林文明理念。此外，学校森林文化教育应把绿色软环境营造作为重要内容，形成可持续发展的绿色校园。

（二）整合资源，不断丰富生态文明教育的内容

在知识传授方面，要坚持寓教于绿，将生态文明的理念引入到学生素质教育的相关课程之中，培育学生良好的生态素养。在价值观形成方面，要教会学生学会思考，思考人与自然和谐发展；教会学生学会欣赏，欣赏自然，感悟森林，探索森林与自然规律，在提升科学素养的同时，引导学生树立可持续发展理念

和价值观。在行为实践方面，应启发学生从世界观和方法论的角度去深入思考生态问题，增强学生践行生态文明的能力；针对学生的不同特点，发动学生积极参与开展生动活泼的绿色环保活动，组织学生走进森林，亲近大自然，培养他们的生态实践能力。

（三）政府主导，推进森林文化教育制度化建设

政府在加强森林文化建设方面，要营造一个关注森林、走进森林、回归自然、感悟生活的文化氛围，引导全社会广泛参与森林和生态保护。发挥政府的政策导向作用，将森林文化教育纳入政府生态文明建设规划之中，建立起社会、学校生态文明教育体系。2008 年，国家相关部委启动国家生态文明教育基地创建工作，就是促进学校生态文明教育制度化发展的有力举措。2012 年年底，北京建成首个以森林体验和公众教育为主要内容，以宣传和弘扬森林文化为主要目标的八达岭森林体验中心。该体验中心包括 1 处森林体验馆和 12 条经典森林体验路线，使游客在享受森林美景的同时，感受森林文化，增强生态文明意识。有关部门还应为市民和学生创设“户外教室”，免费开放公园、森林公园等社会公共资源，让人们走进自然、贴近自然、学习自然、享受自然，解决校园内部森林文明教育基础设施不足的问题。此外，政府部门还应建立森林文明教育的公众参与机制，鼓励企业和各种社会团体参与学校森林文化教育，增强学校森林文化教育的实践性和融合性。

福州国家森林公园（张伟　摄）

二、森林文化教育的方法

（一）人与自然协调共生世界观和森林文明道德观的树立

习近平指出，森林是陆地生态系统的主体和重要资源，是人类生存发展的重要生态保障。不可想象，没有森林，地球和人类会是什么样子。全社会都要按照党的十八大提出的建设美丽中国的要求，切实增强生态意识，切实加强生态环境保护，把我国建设成为生态环境良好的国家。要加强教育引导人与森林协调共生的世界观，我们要认识到：人是自然中的一员，是自然界长期发展的产物，作为一个“自然的存在物”，人一刻也离不开自然界这个生存家园，保护森林，保护自然，改善人与自然、人类与森林的关系，实际上就是保护和改善人类赖以生存和发展的家园，而生态危机实质上就是人类生存危机，是对人类破坏生态系统的反馈性惩罚。按建立和谐社会的要求，在全社会大力加强生态文化建设，依靠舆论及人们素质的不断提高，在全社会树立“保护森林光荣，破坏环境可耻”的意识，提高人们的爱林护林意识。同时走进森林、认识森林、享受森林，亲近森林，进一步弘扬森林生态文化，丰富森林生态文化建设的内涵，确立人与自然协调共生的世界观。

森林文明道德观，即在谋求人类发展的同时，要保持社会生态和森林生态的协调发展，要保持人与森林的平衡、协调和统一的观念，包括森林文明的哲学观、价值观、伦理观、社会生态发展观及绿色科技观等。森林文明道德观对学生整个思想道德品质培养起着重要的促进作用。只有把森林文明道德观融入校园文化营造的全过程，通过校园文化体系对学生在思想观念、价值取向和行为方式上产生潜移默化的影响，才能全方位、立体式地覆盖到学生全面成长的过程，真正构建起森林文化体系。学校要让学生用发展的眼光看待人类文明的进程，以远大的目光和全球意识辩证看待人类与森林，人类与自然的对立统一；充分认识人类在地球这个自然体系中的定位；以公平公正的态度对待森林的一草一木、自然的万事万物；树立起协调发展、平衡发展的思想观念。只有在理论上对森林文明有充分的理解，才能树立起良好的森林文明道德观。

（二）环境建设的隐形教育

党的“十八大”报告提出，要把生态文明建设放在突出地位，融入经济建设、政治建设、文化建设、社会建设各方面和全过程，努力建设美丽中国，实现中华民族永续发展。《福建省“十二五”林业发展专项规划》围绕生态省建设，提出实施“森林福建”的战略目标。这些都体现了绿色发展在提升人民幸福指数，推动社会科学发展、跨越发展的地位和作用。由于人口的城市化和环境的双重压力，城乡绿化的绿色浪潮开始涌动。城市建设主题公园、植物园、森林公园，以便摆脱人与自然的长期分离。在集镇乡村，实行园林下乡、绿化四旁，并逐步实现郊区森林化、道路林荫化、庭院花果化。国道、省道、高速公路、铁路两侧建设绿色通道，围绕沿线第一重山划为环绿保护带。这样，以绿色通道为基干，架构串连星罗棋布的乡镇、城市，构成一幅绿色纵横、花团锦簇的美丽壮观的自然景象。人们处于优美的生态环境之中，领略到森林和绿色的美，安静、凉爽、舒适，可以消除疲惫，振奋精神，激起情感，并将自己身心融进绿色之中，体味到绿色的真趣和神韵，达到人与自然的和谐统一，激发人的创造力和进取心。在学校，绿化、美化、香化、净化的校园环境，能让学生时时处处置身于花草树木中，唤起对自然美的遐想，从而拓宽审美视野，陶冶审美情操，并与世界观、人生观、价值观、道德观相融合而形成和谐社会新的审美观，使学生对森林文化产生一种富有哲理性的感受和领悟，从内心深处去保护绿色，爱护森林。

通过环境教育，达到以下基本要求：提高学生的环境意识并唤醒他们的生态伦理良知，培养其健全发展的自然性；引导学生强化全球意识和森林意识，不仅使他们学会关心森林与自然、社会和他人，也使他们学会负责，具有“道德感”和“义务感”；引导学生通过参与环境建设实践，使他们的责任感和人生观产生质的飞跃，并完善其人格，为综合发展奠定基础；引导学生树立环境法律意识，包括环境法制观念、环境权利意识和平等意识，使他们从意识、知识、行为等层面，从环境他律转到环境自律，最终养成环境自律习惯，形成生态文明价值取向和正确的生产、生活、消费行为。

（三）学科中的森林文化教育渗透

21世纪既是知识经济的时代、经济全球化的时代，也是人类遭遇全球性问题的时代，更是充满竞争的时代。面对这样的时代，在21世纪初我国开始了新一轮的基础教育课程改革。《基础教育课程改革纲要》指出：“新课程要使学生具有初步的科学和人文素养以及环境意识”，其最基本的目标就是“改变过于注重知识传授的倾向，强调形成积极主动的学习态度，并使获得知识与技能的过程，成为学会学习，形成正确价值观的过程”。《国家中长期教育改革和发展规划纲要（2010—2020年）》指出：“重视可持续发展教育、国防教育、安全教育。”其中“可持续发展教育”包含了环境教育、生态教育、森林文化教育等，表明了在学科教学中渗透生态文明教育、森林文化，不仅是必要的、而且也是可行的。

1. 挖掘教材中蕴藏的森林文化教育内容，找准渗透点

在中小学、职业院校等，很多学科都包含着丰富的森林文化的内容，在教

学中进行森林文化教育应努力挖掘其中有关森林文化教育的素材，以确定渗透教育的总体目标，然后再根据总目标设计好单元课文中的生态文明教育的渗透点，以小学语文教学为例，初步统计，教材中直接或间接涉及到生态文化教育和森林文化教育的内容（课文、看图说话、儿歌、作文等）就达40 篇或处。将其归为三类：第一类是与爱护环境和欣赏环境相关的如《北京》《黄山奇石》《日月潭》《富饶的西沙群岛》等；第二类是与环境科学或环保知识相关的如《大熊猫》《庄稼的好朋友》《植物妈妈有办法》《只有一个地球》等；第三类是与环境道德和环境行为（维护或破坏）相关的如《一只小羊羔》《达尔文和小松鼠》《带翅膀的种子》《大森林的主人》等。第一类在渗透生态文明教育方面的目标主要是通过对祖国及世界各地环境特征的描写和议论，通过叙述人类与环境和睦相处的实例，使学生认识丰富多彩的自然与人文景观，懂得美好景观和环境是人类生活不可缺少的组成部分，激发他们欣赏环境、关心环境和保护环境的态度和情感。第二类在渗透生态文明教育方面的目标主要是使学生理解并掌握文中出现的环境科学术语，并在分析和理解文章主要内容的过程中掌握有关的环境科学知识，了解保护地球、保护环境的重要性，及适度利用环境和有效保护环境的科学方法。第三类在渗透生态文明教育方面的目标主要是通过揭露损害环境的不良行为，或展示爱护环境的良好行为，使学生逐渐形成谴责或抵制前者，提倡并模仿后者的行为倾向。小学语文教材尽管涉及森林文化内容不多，但森林作为环境的重要组成部分，也可以达到进行森林文化教育的目的。

林业职业院校的专业课程中包含了丰富的森林文化内容，如森林经理、森林培育、园林美学、植物学、森林生态学等。在传授专业知识、培养能力的同时，找准专业知识中所蕴含的情感价值并升华，强化学生爱护森林、保护森林的意识。比如在传授森林生态学知识的过程中，可以通过知识应用来培养学生的学习兴趣，引导学生用森林生态学知识分析评价当地的经济发展和森林状况，解决生产和生活中的实际问题，学生会感受到森林和环境问题离他们很近，与他们的关系十分密切。在教授动植物知识时，在对动植物种类与进化史、动植物的生活与生长习性、动植物的分布规律、森林的演替规律等自然知识了解的基础上，融进生态保护、森林保护意识的强化教育，达到文化育人的目的。

特别是专业实践课，在室外识别树种，了解树种结构、园林制图中，引导学生深入领略森林美，通过介绍和分析具体的自然森林，园林艺术、树木花木，能使学生更加充分地认识森林美，感受森林美，启发学生深入感悟森林文化，激发学生对森林、对森林文化的热爱之情，从而去创造优秀的森林文化。如介绍大兴安岭，不但“天有珍禽，山有奇兽，水有锦鳞，地有黄金”，更有远古的人类历史，厚重的历史文化。大森林下面掩藏着多彩的文化，掩藏着惊心动魄的故事。大兴安岭的历史、文化需要我们从众多的古代书籍中去提炼、去追寻，需要我们从一处处历史遗存中去挖掘、去想象，一种对那片大森林的向往之心、敬畏之情也油然而生。

2. 寓森林文化教育于课堂教学，启导热爱森林

森林既是自然的产物，又是社会的产物。森林美作为自然美和大地艺术的一部分而被人们所认同。森林以其独特的形体美、色彩美、音韵美、结构美，而使人们产生美感，从而激发人们对森林的热爱。课堂教学是学校育人的主渠道，对学生进行生态文明教育，就必须充分发挥课堂教学这个主渠道的作用。在进行森林文化教育时，首先要引导学生热爱森林。森林不仅美丽，更重要的是她是陆地绿色生态系统的主体，是人类生存和发展的基本保障。我们只有热爱森林、保护森林，才能拥有必要和美好的生存条件。

教师可采用情景教学模式进行渗透。通过创设各种教学情境，让学生在生动、形象、具体可感的情景中去理解生态文明理念，激发其环保热情，增强其环保意识。在小学，教授《鸟的天堂》一文时，可先让学生欣赏“榕树茂盛”、“群鸟欢叫”的录像，初步领略鸟的天堂的奇异景观，然后引导学生研究重点段是怎样有条理地描写大榕树的？农民为什么不许捉鸟？懂得这美丽的自然风光是自然生态平衡发展的结果，唤起学生强烈的环境意识。还可通过角色表演教授《爷爷和小树》一课，让学生分别扮演爷爷和小树。冬天爷爷给小树穿上稻草衣服、白雪衣服。小树在爷爷的精心照顾下茁壮成长；夏天，小树撑开绿伞给爷爷遮挡阳光，爷爷在树下乘凉。学生沉浸在这个生动有趣的环保情境中无形中深刻地认识到了人与树之间密不可分的关系。

从教材内容的感悟中渗透。在众多学科中，语文教材和教学内容中具有极其丰富的森林文化素材，为我们进行森林文化教育提供了得天独厚的条件。一直以来，文人墨客笔下的森林文化都富有诗情画意。诗人杜牧的《山行》诗曰：“远上寒山石径斜，白云生处有人家。停车坐爱枫林晚，霜叶红于二月花。”诗人以简练生动的语言描绘了寒山石径苍茫景象和山中人家的幽渺风光，点染出令人陶醉的霜叶，它比春天的红花还要鲜艳。张九龄的《感遇》（其一）诗曰：“兰叶春葳蕤，桂华秋皎洁。欣欣此生意，自尔为佳节。谁知林栖者，闻风坐相悦。草木有本心，何求美人折。”诗人以高雅的春兰秋桂，兴诗人之高洁。深林蕴香，以达自娱自乐，自勉自强，显示了诗人坚贞清高的情怀；宋代诗人杨万里把自然界森林中的树木乌桕、松树和枫树人性化，其《秋山》诗曰：“乌桕平生老染工，错将铁皂作猩红。小枫一夜偷天酒，却倩孤松掩醉容。”风趣形象地描绘出秋天山色之美。清代诗人郑燮的《竹石》诗写道：“咬定青山不放松，立根原在破岩中。千磨万击还坚劲，任尔东西南北风。”诗人通过描写生长在青山岩石中的竹

子，赞赏竹子顶狂风，耐折磨的品性，来赞美那种为认定的目标顽强奋斗、坚韧不拔的精神，寄托了诗人不合流俗的高尚情操。当代诗人舒婷的诗《致橡树》，通过面对“橡树”的感言，抒发了作者对爱情的独到理解与追求；瑞士的诺贝尔文学奖获得者赫尔曼・黑塞的散文《树》中，作者以“树”为对象，倾诉对树的赞颂，以“树”为载体，阐述了其倡导的返璞归真的人生主张。文学作品中写森林、树木、花草的名篇不胜枚举。古今中外灿烂的森林文化，不仅凝聚着人类优秀文化的历史底蕴，更映射出人类对自然、对森林的赞美和热爱，展示出人类对“人与自然”和谐的美好向往和人类文明的时代精神。学习这些文学作品，人们会领略到森林文化的博大精深，感受到森林带来的美感，从而激发人们对森林的热爱，提高对森林文化美的感受能力。有些作品主题是对人类和森林进行反思，直接揭示保护森林的重要性。被誉为“近代环保之父”的美国作家、生态学家奥尔多・利奥波德在他的作品《像山那样思考》中写道：“我看见过许多刚刚失去了狼的山的样子，看见南面的山坡由于新出现的弯弯曲曲的鹿径而变得皱皱巴巴。我看见所有可吃的灌木和树苗都被吃掉，先变成无用的东西，然后则死去。我看见每一棵可吃的、失去了叶子的树只有鞍角那么高。这样一座山看起来就好像什么人给了上帝一把大剪刀，并禁止了所有其他的活动。” 这些文字内容就是对人们进行一次森林文化教育：过高的物质追求，不断地向大自然索取，以及错误的生态观念，使我们的地球已变得满目疮痍。森林植被骤减，水土流失严重，工业三废的污染，滥捕滥杀乱伐，这一切做法严重地破坏了生态平衡，地球面临荒原化的危险。我们只有热爱森林、自觉地去保护森林，与破坏森林、破坏自然、乱伐滥垦的行为作斗争，才能拥有必要和美好的生存条件。

（四）开展森林文化教育实践活动

森林文化教育，不仅仅是单一的课堂内教学活动，还要走到室外，结合森林文化建设与实践，让人们体验和感受森林文化，从而让更多人接受森林文化教育。

1. 建设生态文明教育基地

《福建省“十二五”林业发展专项规划》指出：“十二五”期间，新建省级以上森林公园 21 处、湿地公园 10 处、森林人家 159 家、森林博物馆（展览室）10 处、科普长廊 50 个。到 2015 年，实现县县有森林公园，全省森林公园达 126 处，面积 22 万公顷；湿地公园 15 处；森林人家 531 家；县级以上全民义务植树基地总数达 300 个。目标的提出，对于加快森林文化教育，促使广大市民积极认知森林文化，享受森林文化，投身森林文化建设，具有重要意义。

作为人与自然亲密接触的重要场所，森林人家、森林公园、植物园、自然保护区、湿地公园等基地在森林文化建设中具有不可替代的地位和作用。我们要突出这些森林生态文化基地的示范效应，注重培育品牌的核心价值，加以重点扶持，逐步推开，使他们切实担当起生态文明传播的先锋和引领者的重任，创造出更多更丰富的森林文化成果。进一步提升完善森林博物馆、标本馆、游人体验与服务中心、科普长廊、森林文化广场等生态文化基础设施建设，增强科普教育功能，为人们了解森林、认识林业、探索自然提供良好的场所和条件。同时，借鉴生态旅游发达国家的成功经验，注重生态科技的广泛使用，包括生态环境保护技术、高科技森林旅游解说系统、生态环境信息化建设等，营造一个人与自然和谐共荣的优美生态环境。

2. 创新传播森林文化的载体

开展“寓教于游、寓教于乐”的森林文化活动，是使人们牢固树立起生态文明观念最生动、最有效的途径之一。

（1）营造森林景观之美

经过历代林业人的艰苦奋斗，森林的景观之美已经成为森林文化的一个重要组成部分。我们要积极开展生物多样性保护，建设完备的森林生态体系，展示森林资源的独特魅力。近年来，国内一些森林公园加大引种驯化力度，利用现有植物资源，辅以现代园林手法，建成竹园、珍稀植物园、梅花园、榕树园、桃花园、樱花园等专类园区，成为宣传森林文化、展示森林之美的重要阵地，深受广大市民游客的喜爱。贵州省贵阳市以“青山入城，林海环市，生态休闲，绿色明珠”为城市森林建设的总体定位，基本形成以环城林带为依托，风景林地为基础，干道绿化为骨架，公园、广场、河流、社区、庭院各种绿地相互交融，乔、灌、藤、花、草搭配有致，点、线、面、环协调发展的城市森林生态系统，2004 年，贵阳成为我国第一个被授予“国家森林城市”称号的城市。

（2）举办森林文化主题活动

通过开展林博会、森林文化节、竹文化节、花卉文化节、森林文化摄影写生、绿色征文比赛、野生动物保护宣传、弘扬生态文明签名等活动，让人们体验森林文化的独特魅力。开展梨花节、桃花节、花卉精品展、写生摄影比赛、“森林回响曲，和谐共鸣声——新年诗歌朗诵音乐会”、“我为校园添新绿”为主题的植树种草等活动，让人们感受森林文化的美好，激发对大自然的向往和热情。从 2004 年开始，每年举办一届的中国城市森林论坛秉承“让森林走进城市，让城市拥抱森林”的宗旨，在传播城市森林理念，提升城市森林在城市建设中的地位和作用等方面起到了积极的促进作用；而作为一个交流平台，论坛又成为城市市长、林业工作者、专家学者沟通的桥梁，丰富了我国城市森林建设理论，为我国城市森林建设实践提供了理论依据和经验指引。

“弘扬生态文明，共建绿色校园”签名活动
（何荣财　摄）

福建三明市金丝湾森林公园森林氧吧
（来源：三明市林业局）

（3）开发参与性森林旅游项目

在资源保护完好的前提下，设计开展参与互动性、科普性强的休闲度假、森林观光、森林探险、森林氧吧体验等森林旅游项目，满足都市人亲近自然的需求。福建省依托“森林人家”，开展的“走进山水森林，体验健康生活”专题活动，以邀请市民参加空气维生素（负氧离子）体验公益活动为主题，吸引大众走进森林公园，走进森林人家，品农家小菜，体验空气维生素、植物精气等森林健康因子，“森林人家”备受省内外游客的青睐，森林旅游特色品牌效应已经日益凸显。应当进一步推广，并持续经营。同时，森林旅游活动具有很强的亲和力，让人乐于接受，愿意参与。尝试着将森林文化与传统的爱国主义教育、理想信念教育以及宗教文化、民俗文化、有机结合起来，开发以“生态环境保护”为主题的夏令营、民俗活动、农家乐、少数民族美食节等文化氛围浓郁的生态旅游项目。

（4）挖掘，保护和创造森林文化产品

我国有着丰富的森林文化遗产，尤其是历史悠久的树种文化、竹文化、花文化、茶文化、农耕文化和园林文化等等。但近年来，森林文化中的纯精神产品，如森林文学、森林音乐、森林绘画、森林影视作品相对较少，园林艺术、森林食文化、住文化等等也没有形成自己的风格。

加大对森林文化影响因子的调查和分析，充分挖掘其特有内涵，并开发人们乐于接受且富有教育意义的生态文化产品。广泛收集散落在民间的森林诗歌、音乐、绘画等相关的森林文化产品，编辑并出版，供人们感悟、欣赏。如流传于山区的民歌民谣、林谚、传说、神话、故事、山区少数民族的舞蹈、音乐、木乐器、竹乐器的制作工艺的民俗习惯，语言表达、生产和生活方式，山区林区的民族服饰及制作，以及木刻画、年画、剪纸、木雕、竹雕、竹编、藤编、草编工艺等，这些都是具体的，活生生地传承着、运动着的文化形态。口传的、非物质森林文化遗产，既是森林文化的组成部分，又是中华文化的重要组成部分。当前有许多地方传统民间艺术的森林文化濒临灭绝，如一些传统的森林产品制作工艺、加工艺术等，林业部门要担当起挖掘和抢救这些森林文化遗产的责任，并运用现代科技技术手段，加以挖掘、保护、利用和弘扬。

3. 全民共建共享森林生态文明

以生态文明建设为着力点，努力搭建平台，开展多形式、多层次的以普及生态知识和增强环境保护意识为目标的国民森林文化教育。在林业类大专院校开设森林文化课程，在林业成人继续教育中增加森林文化等教育内容。通过导游解说、书籍出版、光盘制作、艺术表演、特色节庆等多种形式，增强游客对森林文化的兴趣，让游人除了游憩外，在潜移默化中还能体悟到森林文化的价值，体会到大自然的珍贵，从而自觉地亲近和保护大自然。

林业部门搭建群众参与生态文明建设的平台，充分发挥生态文明教育示范基地的作用，积极创造条件，将森林文化内容渗透到人们生活的方方面面中去，鼓励人们主动参与生态文明建设，共享生态文明。例如，广泛开展义务植树活动。精心设计“美丽中国”、“关注森林”、“我为家园添新绿”等特色活动，根据对象不同，建设特别纪念林专区，营造“先锋林”“青年林”、“三八林”、“婚庆林”等特色林。在森林公园、森林人家开展种植纪念林、开展义务植树活动，使广大市民把能参加义务植树当作自己的光荣使命，增强环保意识。又如，广泛开展各种形式的树木认养活动，此类活动已经逐渐成为市民的一种时尚生活方式。北京、上海、广州等全国很多城市都在积极推广这种“爱绿护绿”的生活理念。有些景区推出“企业林”、“学校林”、“亲情林”、“爱情林”等认养活动。可以针对不同对象推出白玉兰、大花紫薇、凤凰木 、桃花、大花紫薇、秋枫、木棉等一批具有特殊意义的树种认养，让认养者感受与自然的亲近。同时，结合“爱鸟周”、“世界森林日”、“世界环境日”等特殊节日，举办“认鸟竞技大赛”、“环保宣传”等活动，唤醒和提高青少年朋友关注大自然、保护生态环境的意识和技能。通过活动，让广大市民更加热爱森林、热爱大自然，认识、爱护身边的树木，树立低碳生活的社会责任感。

福建省三明市开展“爱鸟周”宣传活动
（来源：三明市林业局）

案例

省级生态文明基地——福建三明林业学校

福建三明林业学校历来重视环境建设，提出了建设“绿色学校”、“环境友好型学校”、“森林校园文化”的目标，按照经济节约、自然美观、安全和谐的原则，因地制宜，突出特色，积极营造良好的教书育人环境。校园绿化面积133 683.9平方米，绿化率达85%，学生人均绿地面积26.5平方米。校园内树木葱郁、四季常青，分布在校园内及学校植物园的植物种类近800种。学校建成了面积300多亩的集森林休憩园、果树观光园、竹类科普园、中草药园、垂钓区、烧烤区、健身区、现代花木中心于一体的格氏栲森林人家，为开展生态文明教育提供了平台。

学校在建设生态文明基地的具体实践中，精心构建“生态文化养成教育基地”、“生态文化实训基地”、“森林生态文化科普教育示范基地”等，搭建生态文明教育平台；增设森林生态文化课程，实现森林生态文化“进教材”、“进课堂”、“进活动”、“进网站”，培植生态文明理念，强化生态文明意识；深入挖掘森林生态文化内涵，成立“文笔生态旅行社”，完善格氏栲森林人家设施建设，深化校企合作，开发特色森林生态文化产品，培育森林生态文化产业；聘请行业、学校、企业有关专家，通过专家讲座、成立森林生态文化研究会等形式，挖掘学校森林生态文化底蕴，深入开展森林生态文化内涵研究；在校园内成立插花、植物修剪、野生动物保护等兴趣小组，利用爱鸟周、世界环境日、森林文化年等，到市区、乡村开展宣传，让全体师生体验生态、享受生态，从而增强参与生态建设的意识；举办森林校园文化艺术节，开展户外拓展训练，让师生在轻松活泼的环境中理解生态文化的内涵，提升生态文化的意识。2013年11月，学校被省教育厅、林业厅等授予“省级生态文明教育基地”荣誉称号。

青山绿树掩映下的福建三明林业学校校园（何荣财　摄）

第八章

森林校园文化

校园文化是学校教育不可或缺的重要组成部分，是学校所具有的特定的精神环境和文化氛围，它体现了一所学校的校风和精神面貌。而富有特色的校园文化是学校的品牌和亮点，特色的校园文化强调的是校园文化的独特性，这个独特性，就是学校与众不同的点。鲜明的文化特色，是学校的魅力所在，是其他学校无法复制的。福建三明林业学校结合学校的办学历史、优良传统、校风学风、办学理念、培养目标、发展方向、区域特点等实际，从林业院校的行业办学特点和人才培养方向出发，挖掘森林文化底蕴，精心设计和美化校园，构建富有特色的森林校园文化，突出文化的育人功能，进一步优化育人环境，提升办学品位，全面提高学校的办学水平。

第一节 建设森林校园文化的提出

一、构建背景

党的十八大报告首次单篇论述生态文明，首次把“美丽中国”作为未来生态文明建设的宏伟目标，把生态文明建设放在总体布局的高度来论述、放在五位一体的高度来论述，也彰显出中华民族对子孙后代、对其他国家负责的精神。党中央、国务院多次强调，要把发展林业作为建设生态文明的首要任务。林业部门在森林、湿地、荒漠、草原等四大陆地自然生态系统中，负责保护、建设、管理森林、湿地、荒漠三大自然生态系统，同时承担着保护和维护生物多样性的职责，覆盖范围占近 2/3 的国土面积。作为林业院校，培养林业行业人才，是生态文明建设的需要。《中共中央关于深化文化体制改革，推动社会主义文化大发展大繁荣若干重大问题的决定》提出了“建设社会主义文化强国”的战略目标，并指出：“在坚持以经济建设为中心的同时，进一步推动文化建设与经济建设、政治建设、社会建设以及生态文明建设协调发展，全面推进党的建设。”学校从实施“文化强国”和建设“美丽中国”战略的需要，提出构建森林校园文化的设想，对于建设社会主义文化强国和加快生态文明建设具有积极的促进作用。

福建三明林业学校地处被誉为福建省的“绿色宝库”的三明市，三明市是全国优秀旅游城市之一，拥有非常丰富的森林生态旅游资源，在福建生态省建设和三明市实施“生态立市”战略的大背景下，发挥学校森林文化特色与培养林业行业人才的优势，为建设生态环境优美、森林文化繁荣、人与自然和谐的现代林业先行区提供可靠保障，是林业职业教育应当承担的一项重要任务。学校自1984年创办以来，借助校园背依国家森林公园文笔山，面朝闽江支流沙溪河的地理特点，遵循办学宗旨，注重发挥行业办学优势，“抓内涵、创特色、树声誉”，努力在环境建设中融入森林文化内涵，营造浓厚的森林校园文化，使之成为学校办学特色的重要体现，并在学生的成长过程中发挥积极的作用。现已建成了闽台森林生态文化园、格氏栲森林人家、植物园、文笔生态旅行社、动植物标本室、园林之窗、百米文化长廊、“展望”水培系统工程等，并成为“福建省科普教育基地”、“省级生态文明教育基地”。森林校园文化建设已有一定基础，森林校园文化的魅力在学校办学改革发展过程中得到体现。

二、森林校园文化的内涵

“文化”是一个词义广、涵盖面大的概念，主要包括下列三方面内容：一是人类社会在一定的物质资料生产方式基础上进行的创造精神财富的活动成果。如科学、文学、艺术的创造活动及其产品；二是传播这些精神财富的活动及其手段，如学校教育、广播、电视等；三是一定时代与社会的各民族或阶级，在历史过程中逐渐形成的传统、风俗、生活方式等。

森林校园文化是文化的一部分，是指以森林和校园为背景的一种文化现象和精神表述。它包含物质层面和精神层面，物质层面上的内涵是指森林校园文化的背景或载体，如森林树木、校园草坪、苗木花圃、园林景观等，这是森林校园文化的前提和基础；精神层面上的内涵是指森林美学、森林文化、森林美育、森林哲学等，简单说是森林校园文化的理念和精神。森林校园文化因理念和精神而存在，并通过森林生态、树木花草、环境保护、森林生态意识为主题的诗文、绘画、音乐、摄影、人物传记、文化艺术节、社团活动、网络媒体等中介得以传达。

第二节 构建森林校园文化的实践

福建三明林业学校校园内终年鸟语花香，树木葱郁、四季常青，分布在校园内及学校植物园的植物种类近800种，其中国家Ⅰ级保护植物南方红豆杉和水杉2种；国家Ⅱ级保护植物福建柏、银杏、水松、金钱松、樟树、闽楠等6种。学校拥有一座面积248亩集“四园”（森林休憩园、果树观光园、竹类科普园、中草药园）“三区”（垂钓区、烧烤区、健身区）于一体的四星级格氏栲森林人家，为开展生态文明教育提供了平台。在校园内构建“森林文化养成教育基地”、“森林文化实训基地”、“森林生态文化科普教育示范基地”等教育基地，校园绿化点、线、面充分结合，花、草、石、树、藤立体布局，人文景观和自然景观合理搭配，逐步建成了校园内“处处会说话、处处能育人”的全方位、立体式育人环境。

依托“福建省科普教育基地”、“福建省生态文明教育基地”、“闽台森林生态文化园”、“格氏栲森林人家”、“植物园”等平台，学校开展森林校园文化理论研究，深入挖掘森林校园文化底蕴，树立生态文明意识，培养“吃苦、协作、奉献”的务林人精神，构建森林校园文化，广辟宣传途径，不断提高对森林校园文化建设的认识，使森林校园文化深入人心，形成爱林、务林、护林的育人氛围。充分发挥森林校园文化在学校办学改革发展中的导向功能，使之成为学校发展的内在动力，为弘扬生态文明和建设“美丽中国”做出贡献。

（一） 凝练“务林人”精神，引领校园文化

福建三明林业学校地处山区，建校宗旨是为林业基层培养骨干人才。在林区、山区工作，需要的是一种吃苦奉献的精神。学校建校初期，一届届领导带领广大师生，发扬吃苦耐劳、无私奉献精神，同心协力，艰苦创校，从一所普通中职校、省部级中职校、国家级重点中职校，发展到今天成为“国家中等职业教育改革发展示范校”，成绩来之不易。学校要与时俱进，就需要有一个永恒的、共同的、长远的理念支撑。因此，学校在回顾办学的艰难历程中，深入挖掘学校的历史文化底蕴，凝练校园文化，提出了以“吃苦、协作、奉献”为内容的务林人精神，并作为核心校园文化。它不仅与建校以来广大师生艰苦创业、默默无闻、团结向上的精神相契合，也是学校不断发展、生生不息的精神动力。

案例

福建三明林业学校森林校园文化精神内涵

在“务林人”精神引领下，学校精心提炼校园文化精神内涵，它包括体现学校特色和精神的优良传统、校训教风学风、人文精神和科学精神等，让师生在潜移默化中接受共同的思想引导、情感熏陶、意志磨炼和人格塑造，产生一种巨大的向心力和凝聚力。

特色文化：森林校园文化

战略定位：抓内涵、创特色、树声誉

办学方向：德育为先，以服务为宗旨，以就业为导向，立足林业，面向农村、面向林农、面向林区，坚持校企合作、产学研一体化，培养社会主义新农村和绿色海峡西岸建设需要的技能型人才。

发展愿景：成为全国中等职业教育改革创新的示范，提高质量的示范和办出特色的示范。

学校精神：“吃苦、协作、奉献”的务林人精神

校训：厚德、笃行、精技

校风：严谨、勤奋、求实、创新

学风：德与能并重，知与行共进

教风：树木树人

校歌：武夷山翠，闽江水清，祖国明珠三明，林海碧波万顷；红印山上，林校耸立，背山面水四季春，鹃花香飘文明城。

有志青年，来自八闽，爱林学林，开拓前进；三个面向记在心，巧绣河山负重任，勇攀科学高峰，开发山区愿献身。

文化标识：标识以圆形、树、书、绿色为主要元素，体现学校追求卓越、和谐向上、建设森林校园文化的主题；标识由学校全称、英文名称、树、书组成，图形中间是一棵直立向上、枝叶繁茂的大树和一本打开的书，蕴含学校“拥有莘莘学子、事业兴旺”之意；树干两旁是学校英文“Fujian Sanming”和“Forestry School”第一个大写字母，树干和树枝呈汉字“人”字形，又是“林业”的汉语拼音第一个大写字母“LY”，含学校“以人为本、立足林业、树木树人”之意。

福建三明林业学校文化标识

（二）夯实基础，建设“三大文化基地”

1. 构建“森林文化养成教育基地”

学校在教学楼、图书馆、学生活动中心、礼堂、学生食堂及校园主干道两侧及宣传栏等区域，张贴宣传标语和摄影、绘画、书法、诗文等作品。具体为教学楼、图书馆区域以荣辱观内容和优秀校友风采展示为主；学生活动中心、校礼堂区域以宣传民族精神内容和校园文化活动为主；学生食堂以提倡勤俭节约和弘扬时代精神为主；校园主干道两侧灯柱广告牌及宣传栏以宣传生态文明知识、科学创新精神、思想道德教育、心理健康教育和法制教育内容为主。让学生随时随地身处森林文化的氛围之中，潜移默化地接受文化熏陶。

2. 构建“森林文化实训基地”

职业学校作为校园文化建设的主体，要将企业文化理念和管理方式引进职业学校，以期构建一个比较完善的而富有职教特点的校园文化模式。福建三明林业学校坚持“以服务为宗旨，以就业为导向，走产学研结合发展道路”的理念，树立“与区域经济互动，与行业企业共赢”的合作办学思想，构建极具校企合作特色的专业实训文化基地。一是将企业文化融入“格氏栲森林人家”、“国家生物技术应用实训基地”、“闽台学生创业基地”等专业实训基地建设中。借鉴和吸纳优秀企业的价值观、战略目标、经营理念等精神文化，把企业所崇尚的创新意识、诚信观念、竞争意识、质量意识、效率意识、服务理念以及敬业创业精神融入学校专业实训基地建设中。二是让企业参与到校园文化活动中，丰富校企合作内涵。与永林集团、福建省和一园林建设有限公司、泉美生物科技有限公司、漳州地缘生物科技有限公司等合作企业共建实训基地，并把企业文化引入学生课堂，使学生在课堂上就可以接受企业文化的熏陶，提升职业素养。在开展校园文化活动过程中，更多地体现职业认知、职业情感、职业道德等职业文化，邀请合作企业以各种形式参与校园文化活动，营造浓厚的企业文化氛围，丰富森林校园文化内涵。

3. 构建“森林生态文化科普教育示范基地”

依托闽台森林生态文化园，积极开展青少年科普教育及交流活动。一是以校园景观为点，逐步建成行知路、森林小屋、名人雕像、读书亭、文化石、水培系统、闽台茶艺馆等形式多样、动静结合的景观。在“文笔轩”两侧建成科普长廊，主要展示学校建设“森林校园文化”的成果以及学生优秀科普作品等；在校园北侧建设长 15 米宣传栏，设活动剪影、成才典型、大赛风采、行为规范、安全卫生等主题教育专版；在校园南侧再建一座长 17 米的宣传栏，开辟“文化广角”，开展森林文化主题宣传和学生文化活动。二是以校园道路为线，对校园内的道路进行规划整修，形成迎宾大道与休憩小径相结合，柏油路与鹅卵石

案例

森林文化实训基地——闽台学生创业基地

福建三明林业学校与一家经营台湾商品、林业产品、绿色食品为主，欧美和东南亚食品为辅的综合性进出口贸易公司——福建省三明市天禧贸易有限公司共建“闽台学生创业基地”，建设“林品汇”林业产品网上交易平台，作为学校电子商务专业师生的校内实训基地，实现了中职学校与优质电子商务企业的“无缝对接”。

学校通过“引企入校”，企业文化植入，建立电子商务“专业、企业、创业、就业”相融合的人才培养模式，形成商贸管理类专业建设的一个新亮点。建立电子商务闽台学生创业基地，引进“认真做事，执著一生”、“决心第一，成败第二”等企业文化理念，让在校电子商务专业学生和即将毕业参加工作的学生及时了解企业需求，体验企业化运作模式，融入绿色生态意识与企业文化，积累丰富的实际操作经验。此举既是学校进行教学改革，注重学生就业能力培养上的一项重大举措，也丰富了“闽台生态文化园”的内涵。

闽台学生创业基地（何荣财　摄）

小道相互交错的校园道路风景线；在道路两旁种植名、特、优树种，构建优雅、宁静的森林校园氛围，实现校园“绿化、美化、香化、彩化”。三是以植物园、校园绿地为面，加强植物园建设力度和校园绿地的种植与养护，让师生体验“人在园中走，如在画中行”的意境。

（三）实现森林文化“四进”，彰显校园文化特色

1. 森林文化进教材

结合地域经济发展和当地生态特色、充分利用福建“绿色宝库”的森林文化特点和海峡两岸林业博览会的特殊发展需求，充分利用本地域的森林、生态旅游资源（4 个国家级森林公园——泰宁猫儿山国家森林公园、三元国家森林公园、将乐天阶山森林公园、三明仙人谷森林公园；1 个省级森林公园——梅列金丝湾；清流县入选中国旅游生态大县等），借助学校“闽台森林生态文化园”的平台，同时考虑林业中职学校学生身心的发展水平，编写体现当地实际、具有林业院校文化特色的校本教材——《森林文化》。

2. 森林文化进课堂

将《森林美学》《森林文化》等课程纳入德育课程，旨在教会学生处理人与自然的关系，其目的是让学生了解基本的生态学知识，运用生态学原理开展初步的生态实践，培养学生从事科学活动所必需的基本创新素养、意识和方法。《森林美学》及校本教材《森林文化》等课程先在现代林业技术、园林技术、森林生态旅游等专业一年级新生中开设，再向全校普及和推广。

3. 森林文化进活动

在课堂理论教学的基础上，融入形式多样的实践教学。一是以植物园、教学林场、森林人家等校内资源为考察对象，调查校园植物的种类、生存状况及生活习性等并挂牌标注；二是利用校外丰富的森林资源，以开展学生暑期社会实践等形式，走进各大森林公园，考察三明地区的生态环境。

4. 森林文化进网站

以信息技术老师为主体，校园森林文化网页为载体，兴趣小组活动为支撑，师生共建校园森林文化网页，让学生和教师在科学、和谐的网络生态文化中熏陶出社会所必需的品格、能力、思维方式和行为方式。组织开展学生网上“森林文化”主题写作活动、学生网上主题书画比赛、森林文化主题摄影图片比赛、生物标本图片展示等各类网上活动；组织师生积极开展网上专题内容学习和讨论、生态文化课程交流等；开展以“森林与人类”、“中国梦·生态梦”为主题的师生双向交流的“师生游戏”、“师生论坛”等网上活动，促进师生间的信息交流。通过以上活动让森林文化深入人心，提升森林文化的影响力。

案例

福建三明林业学校积极开展森林文化实践活动

每年暑假，福建三明林业学校团委都会组织学生到坐落于国家森林公园——三明市格氏栲自然保护区旁的“格氏栲森林人家”开展社会实践活动，走近森林，亲近自然；学校拓展培训中心也经常组织学员在森林中进行户外拓展训练，培养学员的团队协作、吃苦耐劳精神。“格氏栲森林人家”前身是学校的教学林果场，建于1993年。经过改造，现已发展成集果树观光园、森林休憩园、竹类科普园、中草药园、烧烤区、垂钓区、健身区等为一体的综合型生态旅游休闲农庄，是学校现代林业、森林生态旅游、园林技术等专业的综合实训基地，也是福建省和三明市青少年生态科普示范教育基地，是学生假期社会实践的好去处。

学生户外拓展训练（陈德旺　摄）

（四）挖掘森林文化内涵，培育森林文化产业

1. 发展森林旅游，弘扬森林文化

依托学校成立的三明市文笔生态旅行社，大力开展森林旅游，并为森林生态旅游专业学生提供实习与就业平台；完善格氏栲森林人家建设，进一步丰富森林生态文化内涵，树立森林生态旅游品牌形象，使之成为学校开展森林文化科普教育的一张名片。依托学校作为“福建省科普教育基地”、“三明市科普教育基地”的优势，积极开展“走近森林”科普教育活动，在“森林人家”各园区内设置森林生态文化宣传牌，全方位开展科普教育宣传活动，定期组织师生深入“森林人家”开展户外拓展训练、社会实践及科普夏令营等活动，让学生在融趣味性、启发性和体验性于一体的活动中受教育。

2. 校企联合，开发特色森林文化产品

职业教育开展校企合作，是人才培养模式改革的关键所在，传承和创新校企文化则是校企合作可持续发展的生命线。结合自身办学特色，借助校企合作平台，从森林观赏、森林健身活动、森林特色纪念品和养生食品等方面，开发出具有当地特色的森林文化产品，提升学校森林校园文化品位。福建三明林业学校与漳州地缘生物科技有限公司、泉州泉美生物科技有限公司等联合制作银杏、金线莲等微型盆景，将无土栽培水培系统景观工程进行推广；借助三明市被国家林业局授予全国第一个“国家林业生物产业基地”的优势，依托学校生物技术研究所的科研力量，与福建万家药业有限公司联合开展药用植物研究，研发生产黄精茶、黄精酒、草珊瑚茶、金银花茶、金线莲茶等系列养生产品。

案例

“展望”水培系统工程

“展望”水培系统工程是福建三明林业学校与泉州市泉美生物科技有限公司、三明海麟园林景观建设有限公司共同建造的，集观赏、实训、美化功能为一体的文化景观工程。该工程又称植物净化循环系统（Eco-Green System），工程技术由泉美生物科技有限公司与日本普拉内特株式会社合作开发，是将全新植物液体立体栽培理论与现代城市园林绿化设计相结合，充分利用植物代谢作用，创造适宜人居环境的新型绿色生态系统。上面花香飘溢，下面鱼儿畅游，景观置于依山傍水、风景秀丽的校园内，提升了学校“森林校园文化”建设品位。根据整体造型特点，学校将该景观工程取名“展望”，有激励学生刻苦学习、展望未来之意，同时也是学校与企业进行深度合作，共同培养高技术技能型人才的一项重要成果。

该景观工程现已为学校现代林业技术、园林技术、生物技术等林科类专业学生实训场所。

“展望”水培系统景观工程
（何荣财　摄）

（五）开展森林文化活动，提升师生生态意识

森林校园文化的建设，要有助于学生的成长，学生的发展是校园文化的核心，必须坚持一切为了学生，从学生的年龄、身心特点和价值观出发，开展与之相适应的文化活动，才能更好地发挥校园文化在教书育人中的作用。

1. 成立森林校园文化研究会，深入开展森林文化内涵研究

福建三明林业学校作为中国高等技术教育研究会文化育人与生态文明建设工作委员会团体会员和福建省生态文化协会常务理事单位，积极参与生态文明建设文化活动，在此基础上牵头组建森林校园文化研究会，聘请行业、学校、企业有关专家，挖掘学校森林文化底蕴，深入开展森林文化内涵研究，合理规划森林校园文化活动方案，弘扬生态文化，倡导绿色生活，促进森林校园文化建设。

2. 组建兴趣小组和宣传队伍，开展森林文化宣传活动

借助学校现有的现代林业技术、园林技术、森林生态旅游专业技术人才和专业实训基地的优势，成立插花、植物修剪、野生动物保护等兴趣小组，利用爱鸟周、世界环境日、世界森林日、国际湿地日、森林文化年等，到市区、乡村开展宣传，让全体师生体验生态、享受生态，从而增强参与生态建设的意识。同时，组建一支由教师牵头、学生参与的森林校园文化宣传队伍，借助校内外各大宣传媒体，对森林校园文化建设工作进行全方位、多渠道地宣传报道，形成良好的舆论氛围。

3. 依托林博会，举办森林校园文化艺术节

学校组织全校师生积极参与在三明举办的海峡两岸林业博览会活动，并以此为契机，每年举办“森林校园文化艺术节”，开展四大类活动：一是书画、演讲、朗诵、生态科普知识竞答等竞赛类活动；二是森林浴、艺术插花、户外拓展训练、教学林场采果、闽台茶艺馆茶艺表演、植物园探险等体验类活动；三是生物标本展、“森林校园文化建设”摄影展、师生书画展等展示类活动；四是利用校园的科普长廊、宣传栏、广播台等载体开展宣传类活动。通过上述各项活动让师生共同参与，在轻松活泼的环境中理解森林文化的内涵，体验森林文化的魅力，强化森林文化的意识。

森林校园文化艺术节活动（何荣财　摄）

案例

森林校园文化活动平台——百米文化长廊

百米文化长廊是学校创建“国家中等职业教育改革发展示范学校”中“森林校园文化特色项目”建设的重要载体，由水培系统景观工程、校史展馆、文化广角、园艺长廊、学生社团活动专栏等组成，全长100米，它既是彰显学校办学特色的一大亮丽风景，也为学生开展科普教育活动和森林校园文化活动提供广阔平台。

文化广角是百米文化长廊的重要组成部分，由森林文化宣传栏、学生社团活动小广场、学生拓展培训活动中心组成。森林文化宣传栏主要介绍树木文化、竹文化、茶文化等内容，以及林业战线上的先进人物；学生社团活动小广场为学生开展第二课堂活动及学校每年举办的森林文化艺术节提供场所。2012年4月由学校野生动植物保护协会举办的“保护野生动物，维护生态平衡”宣传活动在此举行。主办方在广场上立起了野生动物保护宣传牌，并展出了数十种国家保护动物标本，吸引众多师生驻足观看。青年志愿者向师生们发放野生动物保护宣传单，呼吁大家一起行动起来，共同保护野生动物，维护生态平衡，共建美好家园。

保护野生动物宣传活动（何荣财　摄）

第九章

福建树种文化

第一节
樟树

樟树是亚热带乔木，国家二级保护树种，主要分布在长江以南地区，尤以台湾、福建、江西等地最多。樟树在我国有着悠久的栽培历史，是古老的树种之一，至今不少地区仍保存有千年古樟，甚至被奉为“神树”。历经成百上千年的洗礼，古樟体现的不仅仅是高昂的经济价值和强大的生态功能，还有珍贵丰富的文化内涵，它承载着当地自然历史文化各个发展阶段的内容，见证了当地的历史沧桑。在这个意义上，毋庸置疑，以古樟为主体的樟树文化，是古树文化的重要部分之一，对繁荣生态文化、弘扬生态文明具有重要作用。

一、樟树的自然生态属性

樟树属常绿大乔木，俗名木樟，高可达40~50米，胸径达5米，树冠浓密，树形优美，具有芳香味，老叶在新叶长成后脱落，因而四季常绿，尤以春季换叶时更是呈现绿意盎然的景象。樟树具有庞大的树冠和发达的根系，寿命长，主要生长在亚热带土壤肥沃的向阳山坡、谷地，以及河岸平地，在房前屋后的冲积土地带能够良好生长，可成长为成百上千年的参天古树，是乡村绿化的优良树种。

樟树（庄晨辉　摄）

用于园林绿化的樟树（庄晨辉　摄）

樟树树高冠宽、四季常绿等生物学特性展示了其内在的生态、文化功能。樟树根系发达，主根强大，具有涵养水源、保持水土的功能，植于湖边、山坡等地，防护功能显著，对生态环境保护具有重要作用。此外，樟树具有较强的烟尘吸附能力，能够净化空气，其散发出来的香气，幽香沁脾，可提高空气清新度，用作行道树，可实现美化、环保双重效益。这些特性充分体现了樟树强大的生态功能，以及对保护环境的重要性。

以生态功能展现文化意义，樟树的生态文化内涵随处可寻。首先，它的环境保护作用，维护了自然环境和生态平衡，在一定程度上缓解了工业文明带给自然的巨大创伤，改善了人与自然的关系，这是生态文化的基本体现。其次，它的美化作用，引导人的视觉和思想产生共鸣，形成一定的思想理念，这一过程深化了人们对樟树乃至大自然的认识，培养人们的生态意思，有利于促进人与自然和谐发展，这就是樟树的生态文化内涵。

二、樟树的古树文化内涵

古树是指树龄在 100 年以上的树木，名木是稀有、名贵的或具有历史价值和纪念意义的树木。古树名木承载着特定时期的历史事件，是一座城市悠久历史文化的“见证者”；古树年轮记载着树木生长过程中所经历的气候和环境的变化，对古代木制品年代确定、古气候和古环境重建等方面具有重要科学价值。中国是一个有着五千年古老文明史、拥有古树名木最多的国家，如何在保护古树名木资源的前提下，科学合理地开发和利用这些资源，成为文化传承和经济发展的新亮点。当前，文化创意产业呈现出前所未有的发展态势，正在成为 21 世纪全球最具商业价值和文化内涵的朝阳产业。古树名木文化指以古树名木为基本载体的文化现象，既可供观赏和浏览，也可作为一种地理标志，具有一定的历史和科学价值。

古树是一座城市文化品位和精神素养的象征。樟树身经历史长河的洗礼，蕴含着自然、地理、人文的变迁史，是珍贵的文化、旅游资源。它的存在，使古代自然历史文化有迹可寻。它是大自然变迁的历史见证，记载着人类历史文化的发展，具有浓郁的本土文化特色，体现了当地古树文化的发展特征。

樟树历经数百年，深厚的历史积淀，为其增添了丰富的文化色彩，是珍贵的“绿色文物”。正如德国哲学家海德格尔所说，“古树是诗意的栖居”。樟树是我国著名的古树树种之一，常作为历代文人墨客吟诗赋词的题材。唐有杜甫的“豫章（樟）夹日月，岁久空深根”，白居易的“豫樟生深山，七年而后知”，清有钱芳标的“乃知不材造物怜，豫章（樟）见斫樗散全”等。古有诗人以樟赋诗寄情，今有名人喜樟高洁品格。樟树是宋庆龄女士全心全意为妇女儿童服务的伟大精神的象征，1985年6月中国福利会以宋庆龄和樟树为名，设立了“宋庆龄樟树奖”。

三、樟树的旅游价值

樟树良好的观赏特性和珍贵的历史价值，使之具有极高的旅游价值。樟树枝叶茂密、冠大荫浓、姿态壮丽、气势雄伟，具有古树旷达之资、苍劲之美、传神之韵，集古今之气于一体，令人视界开阔、赏心悦目，是人们增长见识、认知自然的良好素材。

樟树终年常绿，四季皆有景。春季，新叶翠绿，衬以沧桑树皮，更显生机，春雨润樟，绿光闪闪，一派欣欣向荣的景象，令人心旷神怡；初夏，黄绿色花朵羞涩地傍着树枝，在微风中飘摇，散发幽幽清香，虽无华丽外表，但恬淡婉约，令人倍感温馨；盛夏，华荫如盖，为人们筑造天然空调房，令人神清气爽；秋季，绿树霜天，枝叶临风，浆果绵雨，一幅樟树与自然融合之景，鬼斧神工，给人震撼之感；冬季，凌风舞雪，绿意犹存，苍劲之美，令人赞叹。当今，借其景，很多地区着手建设樟树公园，如福建武夷山樟树公园度假村、广东省中山市樟树林公园，还有江西安福县的“古樟奇樟一日游”、“百里香樟画廊一日游”等旅游路线，足见樟树旅游价值之高。

森林旅游文化的核心理念是生态与可持续发展的理念，以现代森林文化作为基点，体现出传统文化的底蕴。从这一核心理念出发，重新阅览樟树文化，顿然发现，在樟树身上，体现了深厚的森林文化内涵。首先，樟树四季优美景致，浑然天成，映入眼帘的是壮丽之资，感慨于心的是深厚文化。森林旅游不仅在于欣赏自然景观，还在于认识人文文化、森林文化等。森林是自然景观与人文底蕴相结合的产物，是培养人们生态环境保护意识的大课堂。在这个意义上，樟树将其优美景观与文化内涵完美融合，感化游客，宣传生态理念，体现了森林旅游文化的生态作用。其次，森林是生态环境建设的主力军，森林文化倡导人与自然和谐共处，环境保护功能是其基本特征。樟树作为森林中的个体，在生态环境建设中发挥着其特有的功能，具备森林文化的基本特征。依托这一特征，樟树让人们认识到自然环境保护的重要性。再者，通过观赏、审美和旅游价值的体现，樟树将其蕴含的文化内涵，播撒到人间，是森林文化的宣传者。

第二节 杉木

杉木，为裸子植物，属于杉科，杉木属。我国特有的速生商品材树种，生长快，材质好，在大丰杉木基地大量人工培育。木材纹理通直，结构均匀，不翘不裂，材质轻韧，强度适中，质量系数高。具香味，材中含有“杉脑”，能抗虫耐腐，加工容易。广泛用于建筑、家具、器具、造船等各方面。

一、杉木与建筑文化

杉木完满通直，尖削度小，且表皮黄色，心材棕红，富含油质，十分耐腐，木商称黄金条。民间有“干千年，湿千年，半干半湿几千年”的说法，故被广泛作为建筑材料。杉木作为建筑材料，可追溯到上古时的“构木为巢”和干栏式的建筑。因为杉木通直、质轻，我们的祖先采用杉木作柱子和横梁是极有可能的。屋面除采用竹席、苇席外，杉木皮也是可供选择的材料。在长达几千年的农耕社会中，杉木在建筑中的作用越来越被重视，直至成为建筑材料的主干。至今，在南平、三明、龙岩地区，无论是临河的吊脚楼、依山的土木结构民居，还是道观、寺庙、祖祠、书院等建筑，均采用杉木。闽南、龙岩一带的土楼，外部为土夯墙，其内部依然是以杉木为主的木构民居。沿海一带具有闽南特色的民居，外部采用砖砌材料，但其立柱、横梁、檩条、门、窗、地板等，皆为

杉木（庄晨辉 摄）

吊脚楼（来源：昵图网）

杉木材料。进入工业社会后，杉木不再作为梁、柱起建筑的架构作用，但杉木材质的湿润和清淡，仍被作为室内地板、壁橱等，被广泛采用，成为室内装饰材料的新宠。在森林公园，隐现于林中的森林小屋，其构件和木板多采用杉木，甚至屋面，也利用杉木皮铺设，既经济实用，又简洁古朴，与自然环境融为一体。

二、杉木与营林文化

福建地处我国东南丘陵地区，山脉纵横，形成诸多四周封闭的温湿和多雾的小环境，极有利于杉木生长。闽南地区人民在与杉木的朝夕相处中，逐渐认识和利用杉木。《福建通志》记载有“飞杉、插杉”两种培育杉木的方法。飞杉即利用杉木飞粒，布种成林。插杉指利用杉木枝条，插条造林，又称倒插杉。杉木培育的另一方法是利用杉木根部萌芽条进行更新。杉木被采伐后，根部会生发多条萌芽条，选留 1~2 条，被采伐的杉木迹地，数年即能恢复成林。《建瓯县志》记载：“旧木殆尽萌蘖之生，又复繁密，发荣滋生盖不可计数”，指的则是杉木萌芽更新。

随着生产力发展和社会对杉木需求的扩大，萌芽更新受到林地限制，插杉逐渐成为杉木经营的主要方法。因为插杉可以把杂灌林地，经清理焚烧后成为新的林地，这便是“七刀八火”（七月劈草，八月炼山）和“炼山”工序的出现，用火进入营林生产环节，营林工序中的“炼山”同原始农业的“刀耕火种”是一脉相承的。

农耕社会小面积的人工栽培杉木制度包括：①在杉木采伐迹地上劈草、炼山、整地；②采用萌芽枝条进行了扦插造林；③林地间作玉米、番薯、山稻、烟叶，以耕代抚；④一般不间伐利用；⑤一个轮伐期中，头 3~4 年收获农作物，4~7 年收桐油籽，8~9 年去桐留杉，10 多年后砍杉。这套以短养长、以耕代抚、农林结合的制度，既克服林业生产周期长、收益慢的矛盾，又体现人工栽杉与生态环境的平衡，符合生态学原理，值得借鉴。

三、杉木与生态文化

杉木是最重要的用材树种，在福建森林资源树种比例中，历来是松、杉、杂三者并列，杉木在森林资源中占有重要位置。在人工用材林中，人工杉木林比例高达 48%，如此大比例的树种，对全省的国土和生态安全所起的作用，无疑是举足轻重的。在农耕社会，限于生产力不发达，栽培面积小，多采用劈草炼山的杉木造林工序并总结出“七刀八火”“火不上山不能插杉”“火苗壮，水苗弱”等一整套用火的营林实践。但进入工业社会后，开始集中连片的基地化培育人工杉木林，继续沿用劈草炼山的造林工序，则会造成山地水土流失、杉木迹地植被减少和生物多样性丧失。20 世纪 90 年代，以俞新妥教授为代表的一批林学家和科技工作者，便提出对林业用火和“炼山”制度进行改革。通过“炼山”后林地水土流失规律、杉木幼林生长动态和杉木林地肥力的研究发现，“炼山”在杉木幼林的 1~3 年内，会对杉幼林的生长起到一定的促进作用，三年后，这种作用逐渐趋平。因此，从长期性和生态角度出发，其弊大于利。当下，一些地区已采用带状堆积、带间整地、散铺覆盖、化学灭草等方法以替代炼山。为克服大面积杉木造林带来的林地地力衰退和生态失衡等问题，采取多树种造林，栽杉留阔，推行杉桐混交，杉木、山苍子、农作物复合经营，降低经营强度，减少人为干扰等措施，以实现杉木人工林的永续作业。这说明，并非植树造林就等于生态，在植树造林的背后，存在一个树木与生态环境的共生关系问题，需要一个生态理念的指导，需要生态文化智力的支撑。

第三节
松树

众所周知，松树是植物王国的寿星，有“百木之长”之誉。而松文化，是人们在育松、赏松过程中形成的一种文化现象，源远流长，内涵丰富。

松树属于常绿乔木，也有少数灌木，是地球上最长寿的树种之一，叶针状，耐严寒，适应性强，自寒带至赤道地区皆有分布。在我国森林树种中，松占首席。它是大自然给人类的恩赐。松木可作铁路枕木、矿井顶板；松脂可提炼成松节油和松香；松子可食或榨油，花粉则含有多种营养成分，具有补充营养，调理、缓解疾病以及美容养颜等综合功能，可谓周身皆宝。

因松与柏在耐寒长青、坚韧挺拔等方面具有诸多相似特点，所以古人多以松柏并列。宋人王安石《字说》云：“松为百木之长，犹公也。故字从公”；“柏犹伯也，故字从白”。松为“公”，柏为“伯”，于公侯伯子男五爵中，松居首，柏居三，皆有位焉。古人拆“松”字为十八公，元代冯子振曾撰《十八公赋》；清人陈扶摇所撰《花镜》云：“松为百木之长，多节永年，皮粗如龙麟，叶细如马鬃，遇霜雪而不凋，历千年而不殒。”松树确有受封者。泰山有“五大夫松”，

马尾松
（庄晨辉　摄）

为秦始皇所封。据《史记·秦始皇本纪》，秦始皇统一全国后，为炫耀文治武功，震慑六国臣民，决定大举东巡。始皇帝二十八年（公元前219年），到达山东。“与鲁诸儒生议，刻石颂秦德，议封禅望祭山川之事。乃遂上泰山，立石，封，祠祀。下，风雨暴至，休于树下，因封其树为五大夫。”另据西汉应劭《汉官仪》，小天门有秦时五大夫松。（按：秦代定爵位二十级，五大夫为第九，为大夫之尊。）此树位于云步桥北侧五松亭旁，盘路至此，有石坊赫然而立，额题“五大夫松”。诚为木之尊者也。

一、松树与文化意象

浏览古籍，文人雅士对松情有独钟。他们以歌赞松，以诗咏松，以文记松，以画绘松，鸿篇妙文不胜枚举，丹青杰作传世甚多。据《论语·子罕》，孔子曾赞松曰：“岁寒然后知松柏之后凋。”孔子将松柏并列，或有示德之不孤。《礼记·礼器》载，松柏之有心也，贯四时而不改柯易叶。先秦时代诸圣贤高士多有赞颂松柏之语。《庄子·让王》有云：“大寒既至，霜雪既降，吾是以知松柏之茂也。”《庄子·德充符》有：“受命于地，唯松柏独也正，在冬夏青青；受命于天，唯尧舜独也正，在万物之首”之语，将松柏与尧舜并称。《荀子·大略》则有“岁不寒，无以知松柏。事不难，无以知君子”之句，亦将松柏与君子并列。至宋代；文人雅士将松与竹、梅并称为岁寒三友。林景熙《云梅舍记》载，“即其居累土为山，种梅百本，与乔松、修篁为岁寒友”；元杂剧《渔樵闲话》云：“那松柏翠竹皆比岁寒君子，到深秋之后，百花皆谢，惟有松、竹、梅花，岁寒三友。”后人借以比喻在逆境艰困中而能保持节操的人们。

松成长缓慢，破土之初，难免于雪压风欺，给人以才子不遇、英雄落难的联想。唐人杜荀鹤《小松》云："自小刺头深草里，而今渐觉出蓬蒿。时人不识凌云木，直待凌云始道高。"

隆冬季节，万木凋敝，唯松柏仍郁郁葱葱，生机盎然。尤其是雪花纷飞之时，劲松身着白袍，临风傲立，象征着坚韧不拔、不改其志的大雅君子。汉朝刘桢《赠从弟》云："亭亭山上松，瑟瑟谷中风。风声一何盛，松枝一何劲。冰霜正惨凄，终岁常端正。岂不罹凝寒，松柏有本性。"唐代大诗人李白《赠韦侍御黄裳》云："太华生长松，亭亭凌霜雪。天与百尺高，岂为微飙折。桃李卖阳艳，路人行且迷。春光扫地尽，碧叶成黄泥。愿君学长松，慎勿作桃李。受屈不改心，然后知君子。"冰凌霜欺，松不改其姿，象征着不屈不挠。唐人白居易《和松树》云："亭亭山上松，一一生朝阳，森耸上参天，柯条百尺长。岁暮满山雪，松色郁青苍，彼如君子心，秉操贯冰霜。"至宋代，画家已将松与竹、梅同入画，称三友。有宋人楼钥《题徐圣可知县所藏杨补之画》为证。诗日："梅花屡见笔如神，松竹宁知更逼真。百卉千花皆面友，岁寒只见此三人。"

松屹立山巅，栉风沐雨，更显苍劲，古人常将松与风联系在一起。宋徽宗崇宁元年（1102 年），黄庭坚与友人同游鄂城樊山，途经松间一阁，夜听松涛而成七言诗一首，题名为《松风阁》。而《松风阁诗帖》，是黄庭坚晚年以行书所录《松风阁诗》墨迹，在其传世作品中最负盛名。其风神洒荡，长波大撇，提顿起伏，一波三折，意蕴十足，不减道逸《兰亭》，直逼颜氏《祭侄》，堪称行书精品。此帖经宋、元、明、清辗转流传，现藏于台北故宫博物院。在河北承德避暑山庄，有一组风格独特的建筑群，主殿名日"万壑松风"。在参天古松的掩映下，壑虚风渡，松涛阵阵，犹如杭州西湖万松岭，形成一个寂静安谧的小环境，是清帝批阅奏章、诵读古书之佳境。

（一）真情象征

松树坚韧、顽强，往往象征着忠贞的友谊与爱情。南朝乐府民歌《冬歌》唱道："渊冰厚三尺，素雪覆千里，我心如松柏，君情复何似。果树结金兰，但看松柏林，经霜不坠地，岁寒无异心。"宋代文豪苏东坡一生爱松，据《东坡杂记》，"少年颇知种松，手植数万株，皆中梁柱矣"。当结发妻子王弗病逝后，东坡在其坟茔四周亲手植松苗万株。经寒历暑，沐雨栉风，万株幼苗长成了常青之树，岁岁年年，生生世世，伴随在爱妻身旁。辗转十年之后，他又为王弗写下了那首摧心扼腕、痛断肝肠的《江城子•记梦》，真情挚感溢于笔端："十年生死两茫茫，不思量，自难忘。千里孤坟，无处话凄凉。纵使相逢应不识，尘满面，鬓如霜。夜来幽梦忽还乡。小轩窗，正梳妆。相顾无言，惟有泪千行。

料得年年肠断处，明月夜，短松冈。”生时十年相伴，死后十年相思，王氏何幸，得如此真才华、真性情的高士“不思量，自难忘”，“年年肠断”！而东坡更是可敬，生离死别十年之后，尚能有如此激情写下这传诵千载的爱情绝唱，尤其是“明月夜，短松冈”之句，每每读之，不禁怆然。

松枝舒展，彬彬桓桓，恰似一位好客的主人，挥展双臂，恭迎四方宾客。而最著名的是黄山迎客松，已成为国人向世界敞开心扉、友朋遍天下的形象标志。

（二）长寿标志

松龄长久，经冬不凋，所以被视为仙物，用以祝寿考、喻长生。这种象征意义为道家所接受，后成为道教长生不老的重要原型。在道教神话中，松往往是不死的象征，道士服食松叶、松根，以期能飞升成仙、长生不死。同时，松时常与鹤为伍。在古人心目中，鹤是出世之物，高洁清雅，有飘然仙气。而仙物自然长生不死，所以将两仙物合而为一，寓意高洁长寿，松鹤延年，也就顺理成章了。在传统绘画领域，松鹤延年是一个重要题材，其中清代僧人虚谷之作尤为著名。此画作于光绪十五年（1889 年）。画面奇峭隽雅，生动冷逸，意境清简萧森，情调新奇冷逸，画家以偏侧方折之笔绘出松针与丹鹤，线条生动，笔断气连，极具形式之美，给人一种福寿康宁的愉悦感，体现出松鹤延年之高雅旨趣，散发着潇洒出尘的飘逸情怀。玉雕作品，亦多有此类题材。往往设计成孤松一株直指云天，而一对仙鹤一仰首长啸，一款款飞来，松静鹤动，松刚鹤柔，加之质地细腻，剔透玲珑，寓指夫妻长寿百岁，相伴永远，吉祥安康。直到当今，“福如东海长流水，寿比南山不老松”仍是最为常见的贺寿佳联。

综上所述，松树带给我们的不仅是物质财富，更可贵的是精神世界里的无穷价值。每当想到它的时候，一种豪迈壮烈之感不禁油然而生。

第四节
格氏栲

大凡世间物以稀为贵，但也有物未必稀而以聚为贵者。位于福建三明小湖地区，有 700 公顷以格氏栲占优势的天然林分，是我国特有、分布零星、局限的濒危稀有乔木物种，也是世界上面积最大、纯度最高的罕见稀有的天然群落，堪称“世界格氏栲林”。格氏栲为我国亚热带地区的第三纪孑遗植物，濒危程度日趋严重，其自然分布范围较窄。100多年前，英国有位名叫格瑞米的植物学家在三明发现了这片栲树林，回国后专门撰文介绍，人们因此命名其为格氏栲林。现为我国保护树种。

格氏栲又名吊皮锥、青钩栲，是中国中亚热带南缘特有的壳斗科高大珍稀濒危常绿乔木。树冠浓密，开黄花；材质坚实，纹理细密，耐腐蚀，为造船和高档家具的上等材料；树皮可制栲胶；其果实含淀粉，甘甜可食，有“小板栗”之称。格氏栲则以“珍贵稀少、材质良好、全身是宝”享誉八闽大地。

一、顽强生命力的象征

格氏栲生命力极强，凭借着顽强的生命力和不屈的生长力，历经百年风采依旧。它的主干顶芽受伤后，就会努力生出侧芽来，所以很多树成双成对或三五成丛，森森郁郁，成为栲林中显著的风景。目前残存的格氏栲有的虽然具有挺拔的身姿、茂盛的枝叶，但有的主干已经中空，古人说“枯木又逢春”，它就是典型的范例。原福建省委书记项南写下的赞美诗：“山中稀世宝，人称格氏栲，风雪加战乱，千年压不倒。”正是它的精神写照。

二、刚的内涵

格氏栲——常绿大乔木，高可达28米，胸径达80厘米；树皮暗灰褐色，纵向浅裂，成大片蓑衣状剥离，果大味甜，可食用；成年大树基部常有宽大的板状根。树根本来是长在地下的，格氏栲的根则是从地下扁扁地隆起，长成板状。这些露出地面，形同章鱼爪或鱼鳍的板根，是热带雨林中常见的，因为林中湿度大，板根也成为了这些大树的呼吸器官，格氏栲能抵御台风、抗击雨水冲刷，是防风固沙，保持水土的勇士。同时格氏栲木材坚实耐腐、纹理美观、材色艳丽纹理直、结构细致、强度大、质地硬重，是造船、

格氏栲（来源：三明市格氏栲自然保护区）

桥梁、桩柱、水工、建筑、车辆和农械等的上等材料。例如枪托及古时的惊堂木材都是用它做的。

三、科考旅游价值

格氏栲自然保护区以其堪称“举世无双”、“绿色明珠”、“凤毛麟角”的大面积成片格氏栲林而美誉四方，引起世人瞩目，到保护区科研考察、观光旅游的各方人士络绎不绝。同时格氏栲与分布于加里曼丹的吊皮锥有密切的亲缘关系，形态特征与栗属相近，对植物区系、植物地理和壳斗科分类的研究有着科学价值。

福建三明格氏栲省级自然保护区地处三元区莘口镇和永安市贡川镇境内，面积 1 101.6 公顷。为了保存具有代表性的自然景观，保护繁殖稀有森林植物，作为探索生物界历史演变规律的科学研究基地，1958 年经中国著名林学家郑万钧教授提议建立莘口天然林保护区，1960 年建立莘口天然林保护区管理站，1962 年在保护区设置了三明林业试验场，1980 年 2 月福建省人民政府正式成立福建省三明莘口格氏栲自然保护区管理站。保护区主要以保护格氏栲林和米槠林为主，保存了目前世界上天然集中分布面积最大、纯度最高的格氏栲林。

格氏栲林（来源：三明市格氏栲自然保护区）

第五节
红豆杉

黄山石松有诗曰，“黄山秋晚泛菊香，梦海紫杉生宝光。剔透晶莹红似火，相思粒粒寄衷肠。”由于在自然条件下红豆杉生长速度缓慢，再生能力差，所以很长时间以来，世界范围内还没有形成大规模的红豆杉原料林基地。中国已将其列为一级珍稀濒危保护植物，联合国也明令禁止采伐。红豆杉喜阴湿环境、温暖湿润的气候，不但具有耐旱抗寒、抗病虫害、较强的萌芽能力、生长缓慢、寿命长等特点，而且具有极高的开发利用价值。

南方红豆杉（庄晨辉　摄）

红豆杉是一种濒临灭绝的树种，系第四纪冰川遗留下来的古老天然珍稀植物，在地球上生存已逾 250 万年历史，被誉为植物中的活化石。我国南方红豆杉又名紫杉，雌雄异株，雌树结红色小果，宛如南国的相思豆，外红里艳，可以寄托人们的相思，红豆杉得名也是因为它生长着与红豆一样的果实，故得名红豆杉。

一、红豆杉美的欣赏

红豆杉不仅是珍稀的药用植物也是园林、庭院绿化美化的佳品，是目前最珍贵稀有的高档绿化树种。整株造型含而不露，超凡脱俗，具有浓厚的生活气息和文化底蕴。红豆杉不仅可以吸收一氧化碳、二氧化硫、尼古丁、甲醛等有毒物质，而且由于其枝条和叶片表面粗糙、分泌物丰富，还可有效过滤空气中

红豆杉盆景（魏秀英　摄）

的细小颗粒物，降低 PM2.5 浓度。

同时，红豆杉还可广泛应用于水土保护和园艺观赏绿化，是新世纪改善自然生态环境，建设秀美山川的优良珍稀树种，被人们形象地称为珍贵的“黄金树”与“摇钱树”。它集材用、药用、观赏于一体，具有极高的开发利用价值。

红豆杉不仅能够改善空气质量，具有“内在美”，还具有“外在美”。它树干通直、树姿优美、叶色浓绿，种子成熟时鲜红饱满，果实成熟期红绿相映的颜色搭配令人陶醉。与普通植物相比，红豆杉很好地将“内在美”与“外在美”融合在了一起，加上其耐阴、耐低温、常绿、抗逆性强、耐粗放管理等特性，特别适宜在室内摆放。夏天温度高达 40℃以上，冬天温度低到零下，红豆杉都能生长良好。

二、红豆杉的风水学应用

红豆杉素有“风水神树”的称号。传说在基督教盛行的世纪里，红豆杉被德鲁伊教团员种在一些神圣的地方，作为不朽的象征。在我国一些地区，人们认为红豆杉能带来吉祥、幸福，因而被称为“风水神树”。有趣的是，在井冈山毛泽东旧居读书石前，有两棵神树，一棵是柞树，一棵便是红豆杉。在许多人的眼中，红豆杉会带来幸运。在庭院种植一棵红豆杉，或者将一盆红豆杉放在家里，意味着长久昌盛、永保平安，也许会带来时来运转的运气。

红豆杉还是长寿的代表。中国人自古以来喜欢追求吉祥和健康，红豆杉不只在药用作用上可以改善人们的身体健康，更意韵长寿。红豆杉的树龄可达 5000 年以上，本身就被誉为“长寿树”，它红果满枝，晶莹剔透，寓意着吉祥喜庆，所以也有“吉祥树”的称号。据报道，在美国西部的一片原始红豆杉林，山林边有一个村庄有 100 多户人家，村里过世的老人最年轻的是 95 岁。全村人有个习惯，喜欢到红豆杉林中去做“森林浴”散步、跳舞等。全村没有人患过癌症、糖尿病和高血压，是美国人均寿命最高的地方。因此，可以说红豆杉是上天派往人间的长寿使者。摆放几盆红豆杉在家里，让家人身体健康，长寿快乐。

同时，红豆杉也是一种品位的代表。具有独特的盆景观赏价值的红豆杉，造型古朴典雅，枝叶紧凑而不密集，舒展而不松散，红茎、红枝、绿叶、红豆使其具有观茎、观叶、观果等多重的欣赏价值。它是高贵的，红茎光滑而美丽；它是坚毅的，叶子绿色而诱人；它是充满爱意的，因为像“相思豆”彰显了其代表的思念。所以说，无论是什么风格的家居，红豆杉都可以超凡脱俗地衬托着，带着浓厚的生活气息，让人流连忘返。

第六节
榕树

榕树文化是相对独立的文化形态，既有外在形态表述，又有内涵的精神意蕴，外在形态是精神意蕴的物质现象，精神意蕴是外在形态的理性抽象，两者相互依存。榕树文化的精神意蕴可用“仁”、“容”、“智”、“静”、“刚”来概括。

一、“仁”的含义

榕树高大挺拔，彬彬有礼，以儒家仁者的风度风貌，表述榕文化“仁”的含义。儒家的“仁”，既是儒家学说的核心，又是社会规范和做人的准则。榕树体现了“仁”的精神。榕树对环境从不苛求，哪怕只有一星半点土壤，也会附着生长，以坚韧不拔的品性，同环境抗争。“无心插柳柳成荫”，同榕树适应性相比，是小巫见大巫。榕树枝干，随插随活，甚至在岩壁、驳岸、墙头，古朽树木空洞内，榕树也能萌发生长，岿然形成大树。榕树真正做到饿其体肤，劳其筋骨，苦其心志，只是根固大地，叶荫人间，广施仁德，付出爱心。榕树长年累月，经风历雨，

福州森林公园内的榕树王 （庄晨辉　摄）

坚持固守，默默奉献，但从不发怨言，不计私利，不讲报酬。在严酷的条件下，为了稳定固守，榕树把自身血肉之躯同岩壁墙体咬合在一起，榕城的编网榕就活生生地呈现了这一图景，人们已分不出哪是榕树，哪是岩壁，生命已于环境合一。这正是榕树仁者的风范和仁者对自然的普天之爱。

二、“容”的意蕴

一方面榕树高大挺拔，体态犹如智老寿仙，彬彬有礼，有仁者的风度风貌；另一方面榕树又泰然自若，银须飘飘，有长者的宽容宽厚。榕树的“榕”字，既有榕树适应性强、容易成活的意思，还有树冠广大，有宽容、容纳的文化意蕴。《闽书》谓“榕荫极广，以其能容，故名曰榕”。清初屈大均著的《广东新语》称：“榕树干枝拂地，互相支持，高大茂密望之如大厦，故称榕厦”。榕树的宽容、容纳基于躯体的庞大，大度而能容，容纳方大度。榕树最主要的生态习性是能“独木成林”，榕树的枝干会生出一条条气根束，临空垂下，这些气根束垂入地里，会生细根，成为榕树本身的支柱根。同时，榕树枝干逐级分叉，树冠向四面八方扩张，一棵榕树能占地几千至几万平方米，榕荫覆盖，形成“独木成林”的景观。福州国家森林公园内的榕树王，冠幅达 13 000 平方米，榕树下可容纳千人聚会。一棵大榕树，就是一个天然的公园、一个鸟类的栖息地。如广东省新会的“小鸟天堂”，榕树上容纳鸟类，榕树下容纳人类，可谓一幅绝妙的人与自然和谐的图画。

三、“智”的内涵

榕树有宽容、容纳的一面，还有机智、智慧的另一面。在开阔的空间，榕树枝干不断分叉，向四面八方扩大，“独木成林”，树冠广大，容纳万象，能容世间难容之事。而当环境不允许之时，榕树又机智地适应变化，同岩壁、墙头、驳岸抱成一团，不以自身形体为形体，而以生命存在为前提，同他物联成一体，构成独特景观。或分身有术，以一桩一丫，微缩自身，依然闪烁生命的精彩。榕树大容，能构筑一座绿色宫殿；榕树机智，缩小至一盆榕桩盆景。榕树还利用气根萌生，以保持自身生命的存在。在榕树身上，“新老世代交替习性很明显，常见古榕既有娇嫩树干，又有老朽树干交替存在。榕树显著特性是气根不断萌生，有的气根入地，有的气根缠绕老树干，这样，新的气根逐年长粗，有的代替老朽干，支撑起庞大树冠。天长日久，新老干茎粘贴一起，新老树皮同时存在，难以区分主次干茎”。智慧始于分叉，知识生于沟回，而我们面对榕树，像翻阅一本书籍，从每一枝节的分叉，从每一表皮的沟回，读到榕树的知识和智慧。

榕树盆景
（何荣财　摄）

榕叶飘落，叙述万物新陈代谢；榕树站立在天地间，叙述世界的天地合一；对榕树的敬畏崇拜，又表述社会的天人合一。如此等等，无一不是榕树给人的智慧启迪和知识滋养。

四、“静”的心境

“智者乐水，仁者乐山。智者动，仁者静。”一切树木皆有根，一切树木皆有静。相对于能游移的动物，有根的植物具有静止的一面，尤其是庞大的榕树，更是如此。但这里叙述榕树的“静”，不单是相对的静止，而包含老子讲的致“虚”、“守静”的含义。老子说：“致虚，极也。守静，督也。”“虚”、“静”，才是宇宙本体。榕树有花，隐而不显；有果，藏而不露。世间的人总是来去匆匆，忽略榕树的存在，但榕树每天都在守土、布绿、除尘、消音。不在，非不存在。榕树庞然大物，立地擎天，但总默默无言。无言正言天地之言，普世之言。老子说：“天地之所以能长而久者，以其不自生也。故能长生。”天地不以自身的生存为生存，而顺其自然运行，所以能长久存在。榕树安然自在，神定情闲，保持“静”的心境，反而活到百岁千年。以虚静笃，然后能观。

五、“刚”的品格

榕树躯干粗大，枝丫磅礴，加上气根的支撑，犹如一座绿色的丰碑，威武中透出刚毅、刚强和刚直。孟子说：“富贵不能淫，贫贱不能移，威武不能屈，此之谓大丈夫。"这些品格在榕树身上都得到了体现。榕树具有拒腐防蚀之本能，不为功名所动，不为利禄所累，安于淡泊，固于职守。榕荫广布怡人滋物，有容乃大，无欲则刚，此谓之富贵不淫。榕树适应性极强，只要是立足之地，就能顽强生长，不畏酷暑，不避严寒，耐贫瘠，斗劣境，自巍然，此谓之贫贱不移。榕树是一种生命力极强的树种，任凭风吹雨打，电闪雷劈，总是巍然屹立，气节凛然。许多古榕树经历数百年风雨沧桑，虬枝百结，老杆横斜，但依然枝繁叶茂，郁郁葱葱。随着岁月流逝，物竞天择，许多树种都被淘汰，而榕树依靠气根的萌生，不断分叉，不断扩展空间，顽强地生存着，表达对绿色的执著和生命的自觉，此谓之威武不屈。明朝理学家黄道周从小就很喜欢家乡福建的榕树，经常夹着书本在榕树下朗读，与榕树结下不解之缘。他为榕树的优秀品格所感动，并写下《榕颂》，赞颂榕树具有不怕困难、甘于自立、而耻于随波逐流的性格，赞颂榕树拒腐防蚀之天性，赞颂榕树巍然独立无所畏惧、效法天地正气的秉性，赞颂榕树有博大的胸怀。清军南下时，黄道周毅然招募亲友学生及义勇万余人，北上江西抗击清军，兵败婺源，不屈而死。他就义前，大义凛然，咬破手指用鲜血写上"纲常万古，节义千秋，天地知我，家人无忧。"这种刚正不阿、不屈不挠的精神，正如榕树的品格。

第七节 银杏

一、中国——银杏的故乡

银杏，别名：白果，公孙树，鸭脚树，蒲扇。为银杏科、银杏属落叶乔木。叶扇形，在长枝上散生，在短枝上簇生。球花单性，雌雄异株。种子核果状。4月开花，10月成熟，种子为橙黄色的核果状。银杏是现存种子植物中最古老的孑遗植物，和它同纲的所有其他植物皆已灭绝。银杏的变种及品种有：黄叶银杏、塔状银杏、裂银杏、垂枝银杏、斑叶银杏等26种。

银杏最早出现于3.45亿年前的石炭纪，曾广泛分布于北半球的欧、亚、美洲，至50万年前，第四纪冰川运动使地球突然变冷，绝大多数银杏类植物濒于绝种，唯有我国奇迹般地保存下来。目前，野生状态的银杏残存于中国江苏徐州北部（邳

银杏（庄晨辉 摄）

州市）、山东南部临沂（郯城县）地区和浙江西部山区。浙江天目山、安徽大别山、湖北神农架等地也都有野生、半野生状态的银杏群落。因此，银杏被科学家称为“活化石”、“植物界的大熊猫”。中国不仅是银杏的故乡，而且也是栽培、利用和研究银杏最早、成果最丰富的国家之一。古往今来，无论是银杏栽培面积，还是银杏产量，中国均居世界首位。

早在 1942 年，郭沫若在《新华日报》上发表了《银杏》一文，提出将银杏定为国树，而且在历次国树评选的倡议中，银杏一直是呼声最高的。在十届全国人大二次会议上，112 位人大代表提出《确定银杏树为中国国树的议案》，该议案成为本届大会上代表联名提议最多的议案。

二、银杏美的欣赏

银杏的种种价值中，观赏价值是最早出现的。其一树擎天，守护名山大川，古刹名寺，厝前宅后便是例证。银杏为古代皇家园林、士大夫们观赏之树种，高雅地位已足见一斑了。银杏为何可以获此殊荣呢？那是因为银杏形美、色美、品高、意更高。尤其银杏之长寿，圣树名不虚传，更被人们以银杏为尊，以银杏为荣，以银杏为美，以银杏为品。银杏的观赏价值不同于一般园林绿化树种，银杏随气候条件、生态环境不同而叶形、叶色也变化不同，构成一幅活的、艳丽的风景画。

1. 造型美

银杏树冠造型典雅，被大文豪郭沫若先生称为暑天“巍峨的云冠”，“清凉的华盖”；树干端直，恰似伞柄，被宋代诗人苏东坡赞为“一树擎天”，壮观无比，是大自然赐予人类的一把伞；春夏是翠绿伞，秋冬是花蝶伞，美丽动人。

银杏叶片（来源：昵图网）

2. 叶型美

银杏叶片构造的特点：扇形。叶缘是波伏线，而波伏线具有轻快流畅的特征，是富有吸引力的线条（《美的分析》威廉·荷加斯）；从叶柄顶端辐射出去的叶脉是一种辐状放射线，如同折扇的骨架；具奔放特征；银杏叶构造奇特，“一片片树叶，好像是打开的折扇，清风徐来，银杏树叶频频摆动，宛如树老人在摇着千万扇子”（《树叶奇功》魏注葆），因而银杏也被人称为“千扇树”。银杏叶缘流畅的波伏线和叶脉的辐状放射线，都是美学上的优美线条，银杏叶有机地将两种优美线条优美地组合起来，融合在叶片上。美国美学家威廉·荷加斯还分析说，这两种线条，不仅使想象得以自由，使眼睛看着舒服，而且说明其中所包含的空间的容量和多样性，“银杏叶由此给人带来空间容量感”，品味无穷，遐想联翩。

象形。银杏在不同时节、气候、离地高低、水土等条件下，改变叶形，以保证自身的生存。

漏斗形。叶子呈圆锥体，扇形叶两缘卷起，完全黏合一起，像个漏斗，在生长条件极差情况下出现。

似菱形、蝴蝶形、鸭脚形、如意形……

据科学工作者何凤仁（1989），多年观察发现，银杏树长枝上的叶片，自下而上渐次为如意形、截形、扇形、三角形等，给人以各种绿色图案的美感。

3. 叶彩美

陆游诗“鸭脚叶黄乌桕丹，草烟小店风雨寒。”写的就是银杏叶黄与乌桕叶红相掩映，构成一幅美丽彩色风景画。春夏时节，银杏树叶苍茐翠绿，恰似一柄绿伞，金秋时节，就似一把花蝶伞。郭沫若诗中银杏叶子就更神了，把色写活了：“秋天到来，蝴蝶已经死了的时候，你的碧叶要翻成金黄，而且又会飞出满园蝴蝶”，“秋天来”了，“碧叶死”了，“蝴蝶飞”了，把银杏的秋叶写活了，构成一幅动态的风景画。画家达·芬奇认为：黄和红在亮光中最美，金黄色在反射光中最美。所以，“银杏的秋叶，是最美的”。

4. 高洁美

银杏树干高大，干形通直。冠幅大，给人以通直高洁之美。如果没有通直树干，就无法“一树擎天”，更难成为庙宇、园林、厝前宅后的“守护神。”正因为有了这一通直挺拔的树干，撑起华盖，给人以朝气、向上生机勃勃、“擎天大柱”、巍然屹立、坚不可摧、高洁美德的启示。法国美学家狄德罗说：“只要哪儿有美，就会有许多人强烈感觉到它。”的确，银杏所表现的各种美的形态和美的特征，令人向往，遐想，爱慕……

5. 盆景美

银杏气势雄伟，树干虬曲，葱郁庄重，姿势优美。制成盆景，古特幽雅，野趣横生，清供案头，怡情怡目，妙不可言。我国早在公元前 7000 年的新石器时代就有草本盆景，公元前 206—公元 220 年（汉代）开始有木本盆景，到唐朝盆景艺术已达到了相当高的水平。银杏盆景虽然起步较晚，但因银杏枝干虬曲、叶形奇特，集树形美、叶美、果美于一体，是绿化、美化和制作盆景的珍稀树种。

银杏叶彩美

三、人文价值

银杏为新生代第四纪冰河时期孑遗植物，是中国特有珍稀名贵树种。

在中华大地沃土上，千年不老，结果累累。或屹立崖悬峭壁，或守护古刹名寺，或树畔屋前宅后，与中华民族同呼吸，共命运。正如古诗所云：

大树龙盘会诸侯，烟云如盖笼浮丘。

形分瓣瓣莲花座，质比层层螺鬓头。

将与其有关之人和事写成一部中华史册，其人文价值、无价之宝为中华民族所特有。

1. 东方圣者

银杏之神圣，在于其神圣不可侵犯。冰川把地球上生物一扫而尽，而他却能生存发展；强暴面前，永不低头；斗争面前，常胜将军；生命之强，绝处逢生，决无尽头。

在抗日烽火年代，郭沫若先生尊银杏为“东方圣者”，唯“东方圣者”，率我中华民族，把侵略者赶出去，还我河山，维护国土完整，神圣国土不可侵犯。

相传，1945年当日寇锯常州马山古银杏树及半时，忽从树上掉下一白蛇，视之不祥之兆，日寇仓惶逃去。而今，我国国富民强，屹立于世界东方，恰似东方圣者维护世界和平神圣事业！

2. 亘古证人

银杏历经地壳变动，火山爆发、气候骤变、冰川入侵，同代恐龙成化石，而他却能绝处逢生，其屹立在中华大地上数千年，书写着中华民族数千年文明史。既写过中华民族的血泪史，也写过中华民族创业史、文明史、辉煌史，更写过血肉筑成新的长城捍卫神圣国土完整的壮烈史，再谱“庆港澳回归雪国耻，盼两岸统一梦团圆”新篇章。

银杏与中国同在，其与北京山顶洞人共患难，并为鲁公与莒子会盟见证；寿命可与中国有文字记载的历史相比美；更为“中国人民从此站起来了而喝彩”。身处“陪都”、重庆的郭沫若先生尊银杏为：中国人文有生命的纪念塔，是随中国文化以俱来的亘古证人。

3. 无私奉献

银杏把一切，包括叶、木、种子、花、甚至根都贡献给了人类，或食用，或药用，治农、治畜或食疗，美味可口、保健强身；或美容护发；或净化环境，美化世界。任你蒸、煮、烧、炒，真可谓“粉身碎骨也心甘”，却不曾要求灌溉施肥，只求人类莫砍伐。

4. 民族象征

银杏历经劫难孑遗，孑遗后繁衍至今亦已千百万年，表现其强大的生活适应能力，在形态上很少变异。其火烧不死、雷电不灭的特性，充分体现了中华民族前赴后继、勇往直前的民族精神。银杏的精神就是中华民族的精神。

5. 传统美德

中国传统家庭的凝聚力之强是世界独有的，尊老爱幼，世代同堂，银杏却能“五代同堂”，超过了人类的“四代同堂”。令人惊奇的是银杏树并非只立于平川沃土，还可根入万丈深渊的悬崖峭壁上。在此巅峰之上竟能千年不衰，“五代同堂”。

第八节
柳树

柳树是杨柳科柳属植物的总称，全世界520余种，我国有257种。主要种类有垂柳、旱柳等，是保持水土、固沙护堤、园林绿化的优良树种。

一、中国的植柳历史

柳树在我国有着悠久的栽培利用历史，古代植柳的起始时间很难界定，明确提出种植柳树的是周朝时期的文献。《古微书·礼纬·稽明征》载春秋时期“庶人无坟，树以杨柳”，是说平民百姓无坟墓，仅在埋葬地种植杨柳树。古代植柳有下面几种类型：

垂柳
（王邦富　摄）

①植柳护堤　在河堤上种植柳树固护堤岸以防崩塌，维护河堤安全。

②植柳护路　在行道上栽植柳树以遮阴护路、防尘固土。

③植柳造景　在园林中种植柳树造景以达到观赏效果。

园林植柳最早是在汉代，《西京赋》称汉武帝建上林苑植柳，《南史·张绪传》载梁武帝在芳林苑中植柳。唐时于皇家园林曲江园植有大片柳树，《唐书·王维传》载唐诗人王维晚年在蓝田建私人园林“辋川别业”，园中植柳造景，有“柳浪”景点。《墨庄漫录》载北宋欧阳修任扬州太守时，在蜀冈大明寺平山堂前植柳造景。明清时期园林植柳最为常见，最为著名是扬州园林。

二、中国的柳文化

数千年来，中国人在长期植柳的历史实践中，形成了一种独特的柳文化现象，主要体现在以下几个方面。

（一）柳崇拜

古代人将柳树视为神灵之物，《孔氏志怪记》载会稽（今浙江绍兴）有“柳树上有一人，长二尺，衣朱衣冠冕，俯以舌舐树叶上露。良久忽见逸神意惊遽，即隐不见。”是说柳树变成人，可见柳树具有神异功能。《聊斋志异》还记述了菩萨用柳枝净水救活汤公的传说故事。清朝宣鼎的《夜雨秋灯录》卷一记载樟柳神能坐在县衙门的大堂上，用自己的预测神通为百姓审理冤枉。对樟柳神的由来，明朝王士性《广志绎》卷四云：“奉新有樟柳神者，假托九天玄女之术，俗名耳报。乃其地有此树，人取树刻儿形而传事之。其初乃章、柳二家子死，共埋于树下，久之其树显灵。儿形以一手掩耳，贯以针，炼以符咒，数以四十九日，耳边传言，则去其针。其神乃小儿，故不忌淫秽，不讳尊亲，不明礼法，随事随报。然亦不能及远，亦不甚知来。其术炼之有用万家土、万人路者，土谓燕窠，路谓板桥，取伴其神而裹之，验最速。若用金银诸物者，则皆冀以诓赚而去，非实也。”以上所引说明柳树具有神异功能，故被视为神灵之物而加以崇拜。

（二）柳诗文

“春风杨柳万千条”，柳树在春风中吐绿绽芽，随风起舞，摇曳生姿，极具风流，很早就赢得了国人的喜爱，成了历代文人题颂讴歌的对象，写下了大量的咏柳诗文。纵观古代诗文，有关“柳”的形象比比皆是，如“章台柳”、“灞桥柳”、“水边柳”、“隋堤柳”、“青门柳”、“江边柳”、“城边柳”、“东门柳”、“亭柳”、“河柳”、“垂柳”、“新柳”、“秋柳”、“烟柳”、“风柳”、“问柳”、“柳色”、“柳絮”、“杨柳曲”、“折杨柳”、“杨柳枝”、“柳枝词”等诸多柳诗、柳赋、柳记、柳词、柳曲，构成“柳文化”的重要内容。

纵观历代咏柳诗文，则以唐代贺知章的《咏柳》诗最著名、最传神，诗曰：“碧玉妆成一树高，万条垂下绿丝绦。不知细叶谁裁出？二月春风似剪刀。”

作为文学作品中的“柳意象”最具象征意义是表达“离情别意”的符号。柳色如烟，柳条蔓长，犹如亲友间缱绻的柔情，仿佛离人不尽的别恨，加之“柳”与“留”谐音，人们愿意把柳当作情感的寄托物和负载体，产生了“折柳赠别”和“折柳寄远”的风俗。长此以往就把柳视为别离的代名词，从而植根在中华民族的文化心理之中。

柳树还是历代诗人表达春天的符号象征。柳树在春风中吐绿绽芽，随风起舞，摇曳生姿，极具风流。故很早就赢得了国人的喜爱，被视为春天的象征。清高鼎《村居》：“草长莺飞二月天，拂堤杨柳醉春烟。儿童散学归来早，忙趁东风放纸鸢。”写出了一幅充满生活气息的乡村春景图。

（三）柳绘画

柳树因其特殊的自然美感，自古就是画家的表现题材，成为入画的对象。战国时期的楚国漆器上就出现有柳树纹的装饰图案。柳树入画最早是在魏晋南北朝时期，我国画史上第一个有画迹可考的著名画家、东晋时人顾恺之《洛神赋图》卷，是根据三国时诗人曹植名篇《洛神赋》而创作的，画面中就以银杏、垂柳作主要景物。前苏联苏叶·瓦茨卡娅在论及中国山水画家们为什么喜画柳树时说：“比如人们常常画柳，因为它是谦逊之美和雅致的象征，它是大自然中春天的标志，女性女神观音的化身，因而又是美与善的象征。”高度概括了历代人喜画柳之原因所在。

（四）柳民俗

在长期的历史进程中，柳与古代人的生产和生活产生了重要的关联，从而积淀为柳民俗。

1. 戴柳、插柳习俗

柳树因其具治病、驱鬼、驱邪避毒的功用，被古代人视为吉祥的象征。佛教故事有南海观音一手托净水瓶、一手拿柳枝的形象，为人间遍洒甘露，祛病消灾。古代人认为戴柳、插柳具有驱疫明目、护生延年、免毒避邪的功能，正是柳树吉祥意义的显现。但究其根源乃是柳树之生殖崇拜功能的转移。

2. 折柳习俗

除上论戴柳、插柳习俗外，还有“折柳赠别”、“折柳寄远”的习俗。古代人善用谐音表达情感，“柳”与“留”、“丝”与“思”相谐，长此以往就产生了折柳赠别和折柳寄远的风俗，亲人或友朋离别，折柳以表达对离别者的不舍之情。

3. 柳歌舞

柳还与歌舞活动有关联。云南大理白族“绕三灵”是其盛大的传统节日，也是白族人的群体性歌舞活动。每年的农历四月二十三至二十五，大理地区的白族人成群结队到苍山洱海之间，参加狂欢节日“绕三灵”。柳枝是白族“绕三灵”活动的重要标识。

4. 柳节日

古今崇柳、爱柳、敬柳的人们还举办以柳为题的节庆活动。东北地区的额尔古纳河和根河流域的汉族和俄罗斯族，每年在农历六月初二举办“柳条节”，是日上午，男女老少和过往行人用柳枝蘸水往别人身上点洒，据说这样能消灾免难。丽江纳西族人清明节也举办插柳节庆活动。

5. 柳地名

地名是人们在社会生活中给特定范围、方位、形态特征的地理实体、行政区域或居民点的名称，是代表某一地方或地形的符号，是一种文化现象。香港著名国际历史地理学家陈正祥先生说：“地名为代表某一地方或地形的符号，其来源或演变除受天然环境的影响外，也常为文化的接触所左右。”今日的地名，应视为文化遗产的一部分，古代民族迁移或征战的痕迹，可于地名中见之。故地名之与地理学研究，有似化石之与地质或古生物学研究。故地名能反映当地的地理环境，以及地名赋有文化意蕴作用，皆为非常明显的事实。全国各地出现了许多以柳为地名的现象，如柳林、柳树等。最著名的是广西柳州市和吉林省柳河县，此外，浙江乐清的柳市镇、浙江武义的柳城镇、北京广渠门内的万柳堂、天津的杨柳青、青海的柳湾等地名也很著名。

第九节
柏树

柏木干形通直，材质优良，生长较快，适应性强，且树姿优美，四季常青，并对二氧化硫、氯化氢等有毒气体具有较强的抗性，是人工造林、庭园绿化和“四旁”植树的优良树种。柏树木材坚韧致密，心材黄棕色，有香气，耐

柏树林

久不腐，不翘不裂，是建筑、桥梁、车船、家具及细木工的上等用材，又可作为檀香代用品。

一、柏树的传说

我国古代崇尚贝壳，以贝壳为货币。有专家认为崇尚贝壳源于生殖崇拜，而被古人崇尚的贝壳正是呈圆锥状。所以，柏树名称源自“贝”，“柏”字与“贝”字读音相近，“柏树”就是“贝树”，表示树冠像贝壳的一类树。由于柏树像贝壳，在远古时期，柏树也有一定的生殖崇拜意义，中国人在墓地种植柏树，有象征永生或转生、新生的含义。

中国人喜欢在墓地种植柏树，起源于一种民间传说。相传古代有一种恶兽，名叫魍魉，性喜盗食尸体和肝脏，每到夜间，就出来挖掘坟墓取食尸体。此兽灵活，行迹神速，神出鬼没，令人防不胜防，但其性畏虎怕柏，所以古人为避这种恶兽，常在墓地立石虎、植柏树。

古人之所以认为柏树可以避邪，是树崇拜的结果。上古有所谓“柏王”，“柏王”上有神灵存在。神树不能亵渎，否则也会遭到恶报。

二、长寿、不朽的象征

柏树斗寒傲雪、坚毅挺拔，乃百木之长，素为正气、高尚、长寿、不朽的象征。孔子的“岁寒，然后知松柏之后凋也”是对松柏精神的精辟论断。

作为六朝古都的北京，在很多皇家坛庙、皇家园林、帝王陵寝，以及古寺名刹等处，都有苍老遒劲、巍峨挺拔的古柏。像中山公园（社稷坛）、劳动人民文化宫（太庙）、天坛、日坛、地坛、北海、景山、中南海、故宫的御花园、孔庙，以及颐和园、香山、八大处、十三陵等处的古柏群，举世闻名。美国前国务卿基辛格博士在参观天坛时说：“天坛的建筑很美，我们可以学你们照样修一个，但这里美丽的古柏，我们就毫无办法得到了。”中国已故的艺术大师徐悲鸿先生曾以北京的古柏为题，作过多幅国画，他在题记上写道：“北京为世界上古树最多之都会，尤多辽、金、元、明以来之古柏。盘根错节，苍翠弥天，斧斤所赦，历劫不磨。满京城洋洋大观的古树，的确是京城的一大特色。”确实，名园易建，古木难求。

柏树的寿命很长，所谓“千年松万年柏”是也。浙江金华天宁寺有宋时所栽“龙凤柏”，龙柏已死，但其雄姿尚存，凤柏依旧四季常青，吐华抽叶。纪念宋代民族英雄岳飞的杭州岳庙内有“精忠柏亭”，亭内有八段“精忠柏”（化石）。这些古柏原来矗立在南宋的大理院风波亭旁，传说岳飞被秦桧害死于风波亭，于是四周的柏树相继枯死，600年不倒，遂成化石，后人称“精忠柏”，并移至岳庙内，建“精忠柏亭”，英名千古，永志不忘。

中国人在逝者的坟上及坟地栽柏是寄托一种让逝者“长眠不朽”的愿望。

三、正气、高尚象征

松枝傲骨峥嵘，柏树庄重肃穆，且四季常青，历严冬而不衰。《论语》赞曰：岁寒然后知松柏之后凋也。松与竹、梅一起，素有“岁寒三友”之称。文艺作品中，常以松柏象征坚贞不屈的英雄气概。

孔子也十分崇尚松柏，曾说：“岁不寒，无以知松柏；事不难，无以知君子。”在鸟飞绝、叶落尽的时候，大地一片苍茫，唯有松柏傲然挺立，青翠如故。“大雪压青松，青松挺且直”。这就是松柏的傲气。当人们流连于夏花的绚烂，秋叶的静美之时，松柏则像一位高人隐士，四季常青，清脆耿直，保持着一份清高与宁静。松柏正是以淡泊的心态对待生命中的繁华与诱惑，让自己的灵魂安然入梦，从未迷失，在淡泊中看繁华落尽，云卷云舒。所以，后世读书人也多崇尚柏树的精神。

第十节
桃树

桃树是一种以果实作为水果的落叶小乔木，花可以观赏，果实多汁，可以生食或制桃脯、罐头等，核仁也可以食用。

桃子的形态和颜色多种多样，千姿百态。我国是桃的故乡，至今已有 3 000 多年的栽培历史。世界上桃的品种有 3 000 多种，我国占 1/4 以上，可分为食用桃和观赏桃两大类。观赏桃主要是观赏桃花，桃花有桃红、嫣红、粉红、银红、殷红、紫红、橙红、朱红等色，真是万紫千红，赏心悦目。

一、桃的寓意

文化语境中，桃树的花叶、子果、枝木都烛照着文化的辉光，它是那样致密地渗透在中国文化的肌理中。它的花叶象征着春天、爱情、美颜与理想世界。果实和种子融入了中国的仙话中，隐含着长寿、健康、生育的寓意。枝木用以驱邪求吉，在民间巫术中得以广泛应用。文化中，桃树是一个多义的象征体系。

桃木在我国民间文化和信仰上有极其重要的位置，我国传统文化将世界上的物质都用“五”来概括：五行、五脏、五谷、五畜、五菜、五果、五音、五气、五色、五味、五官、五体、五志等。其中五果是桃、李、杏、梨、枣，桃是五果之首。可见人们对桃子的重视。

关于桃子，在我国有许多美丽的神话和传说，在传说中，桃是神仙吃的果实。正因为此，桃子被称为“仙桃”、“寿桃”。在《西游记》里，天官里的王母娘娘做寿时，就曾设蟠桃盛会招待群仙。这虽然是神话，也说明桃决非一般水果可比。至于齐天大圣孙悟空，以及他的子孙们，均是以桃子为粮食。

古代的中国人，相信桃木具有神奇的力量，因而在新春过年的时候，用桃木削成人形（桃人）、砍桃木为板（桃板）、刻桃木为印（桃印）、用桃枝系成扫帚（桃茢）等，将这些悬挂在门旁，用以趋吉避凶，叫作挂“桃符”。

不但桃有仙缘，连桃木都有神灵，而且她在民间的威望比桃还大。早在先秦时代的古籍中，就有桃木能避邪的记载，一切妖魔鬼怪见了都逃之夭夭，桃木在中国文化中有避邪的意义，通常在门外挂有桃木符或桃木做的对联。

二、健康长寿的象征

“居不可无桃”是中国独具特色的文化，表达了人们对人生的吉祥、平安、长寿的向往和追求。国人对它情有独钟，桃符——桃木浮雕钟馗是桃木有制鬼避邪的作用。中国古代神话传说中有很多桃的传说，其中最为重要的传说是有两个神人，名叫神荼、郁垒，相传可以治恶鬼。于是民间就用桃木刻成他们的模样，放在自家门口，以避邪防害。后来，人们干脆在桃木板上刻上神荼、郁垒的名字，认为这样做同样可以镇邪去恶。这种桃木板后来就被叫作“桃符”。民间年画上的老寿星，手里总是拿着“寿桃”，过生日做寿时要蒸桃形的馒头，或实心、或空心里面填馅，做成圆馒头状，在顶端捏出桃尖，用竹刀或刀背从上至下轧出一个桃形槽来，将桃尖略微弯曲，再染成红色，上笼蒸熟，“寿桃”就做成了。在老人生日那天，献给老人，以祝福老人健康长寿。

三、仁义、美好的象征

“桃”被认为是“仁义”的象征。例如：刘关张“桃园三结义”，是在桃园进行的。因此，人们就把“桃”当成了“仁义”的见证物。还有，“桃”被认为是“美好”的象征。例如：在形容女人漂亮时，称其是“人面桃花”；在形容地方美好时，称其是“世外桃源”。桃花与美女的情缘始于春秋，楚国息夫人的别称为“桃花夫人”。从此人们对美女的称谓大多数冠以桃花。人们经常用“桃李年”来比喻女子的青春时期；用“桃脸、桃花面”来比喻女子的面庞红润，唐代诗人韩偓《频访卢秀才》有诗云：“药诀棋经思致论，柳腰莲脸本忘情。”人们也把女子的嘴唇比作樱桃一样红润、小巧，称之为“樱桃、樱唇”。唐代诗人韩偓《袅娜》：“着词但见樱桃破，飞盏遥闻豆蔻香。”再如宋朝张宪《大真明皇并笛图》：“风声龙爪玉星香，露湿樱唇金缕长。”更有甚者把女人的眼睛称之为“桃花眼”，获得女子的青睐，称之为交上“桃花运”。

桃花的花语和象征代表意义：爱情的俘虏。在中国，桃花一直以来都离不开爱情两个字，人们常说桃花运，就是因为桃花能给人带来爱情的机遇，有了桃花的祝福，相信你会很快拥有你自己的爱情，所以，它的花语是爱情的俘虏。

四、观赏旅游文化

阳春三月，桃花吐妍。桃花的娇美常让人联想到生命的丰润。我国最早的诗歌总集《诗经·桃夭》中赞美桃树说：“桃之夭夭，灼灼其华。”意思是说：桃树含苞满枝杈，红霞灿烂一树花。每当桃花含苞欲放，远远望去似红似粉似少女，一旦开放，满山遍野一抹粉红的彩霞，让人流连忘返醉人这美丽的大自然。

如今，随着人们生活水平的提高，春天外出踏青，赏桃游春，惬意非凡，桃花园成为人们寻芳踏春的好去处。

桃花（魏秀英 摄）

桃花园（魏秀英 摄）

附：林业谚语

林业谚语是林业生产时间和技术总结，又是谚语的一种，是民间文学的一种形式。它具有语言简洁明快、口语化、节奏强、易为林农记忆等特点，便于在林业生产实践中贯彻始终。本文根据福建科技报社（1978 年）和福建省林业厅办公室（1964 年）收集编印的林业谚语，对林业谚语的内容和所蕴含的生态学思想及其与现代林业的关系进行阐述，以期引起重视，使林业谚语在森林文化花园中重放异彩。

一、林业谚语的两重属性

林业谚语有两重属性，一方面是文化性，是熟语的一种，是民间文学的一种形式。谚语产生于劳动生产实践，并广泛流传于民间，其语言简洁通俗，朗朗上口，便于记忆。例如，“人心齐，泰山移”、“众人拾柴火焰高”、“一个篱笆三个桩，一个好汉三个帮”等，具有很强的节奏感和文学性，是离民间最近、仍保持原生态的一种文学形式。

林业谚语俗称林谚，是谚语的一种。林业谚语同农业谚语、气象谚语和民俗谚语等，共同组成谚语这一文学形式，是中国文学的有机组成部分，是一份值得传承的文化遗产。

另一方面，林业谚语又具有技术性，是山区林区林业生产活动的技术总结，其内容涵盖育苗、造林、抚育、保护、利用、更新等生产环节，可操作性强，是一种成熟的实用技术。更可贵的是林业谚语中蕴含深刻的顺从天时、遵循土宜、永续作业等生态学思想，对于提升现代林业品质具有一定的指导作用。

二、林业谚语的基本内容

林业谚语是山区民众在林业生产活动中的智慧总结，包含丰富的林业生产知识和各项技术措施，内容囊括了育苗造林、幼林抚育、森林更新、森林利用的全过程。

【良种选育】

- 千算万算，不如良种合算。

- 选树要严，选果要大，选籽要精，选苗要壮。
- 选错一株，坏了一片。
- 小孩要抚养，种子要改良。
- 娶媳要慎重挑，种子要精心选。

凡是林业生产中可直接利用作为播种材料的植物器官都称为种子。树木由于自然选择所具有的特性并非全部符合人们的愿望，因此必须人为加以干涉，通过改良遗传特性品质，达到速生、丰产、优质的目的。这些谚语是说，要选用良种，否则就不合算。因为良种是具有林木优良的性状，在一定地区和耕作条件下能符合生产发展要求，并具有较高经济价值的品种，选用良种是既经济又有显著增益的重要措施，可达到事半功倍的效果。故林谚又有“良种准备好，收成不会少”，“选种选得好，出苗出得好”之说。

又如：

- 桐果留种要选短柄。
- 三月选花，五月选树；七月选果，十月选籽。
- 爪多爪向下，桐子结一坝。
- 桠长爪向上，桐子不像样；皮薄空心多，桐子打不来货。
- 叶包花，压断杈；花包叶，不得结。
- 春看花，秋查果。

油桐选种要农历三月选花，选雌花多、雄花少的花序类型，即“叶包花”类型；农历五月选树，选树势健壮，分枝型好，有效果枝多，无病虫害的树；农历七月选果，选结果多、有效结果率高、果重、果柄短、果皮薄、鲜果出油率高的果实；农历十月选籽，选果大饱满、出油率高、含油率高、油质好的种子，经过一次次的选择，就可以选出优良的桐树品种。

油桐（王邦富　摄）

油桐树结果多少，要看雌雄花的多少及花轴朝上朝下。如果雄花多，雌花少，枝丫伸得长，结实小，球果朝天（向上），自然产油不多。如果雌花多，雄花少，球果朝地（向下），果实大，产油多。此外，雌花多，雄花少的桐树花序为“叶包花”类型。这种类型一般为先叶后花，所以叫“叶包花”，结果多，果实大，有时会“压断杈”。雄花多，雌花少的花序，则先花后叶，故称“花包叶”，果实小，结得少。群众多把雌雄花着生的比例当作油桐丰歉的预告。

【采种季节】

• 小暑连大暑，相思正成熟。

相思树（台湾相思）种子成熟期在 7 月小暑和大暑两个节气。但随地理位置不同而有差异，处于低纬度地区成熟期早些，处于高纬度地区成熟期迟些。观察荚果由青绿色转黄褐色时，则可采收。如不及时采集，易被大风刮失、鸟啄。采回后，暴晒去荚，把种子放在竹箩里，浸入开水中 3~5 秒钟，随烫随翻，内外上下均匀，杀死隐藏在种子里的象鼻虫幼虫，然后晾干，拌石灰，置于缸里。

【育苗技术】

• 重茬杨，哭老娘；重茬槐，必失败；重茬松，白搭工。

重茬就是连作。很多树种，如杨类、刺槐、松类，育苗都不宜重茬。特别是刺槐表现得格外突出。其主要原因是立枯病危害严重。立枯病是一种毁灭性的病害，其病菌能在土壤里生活若干年。育过刺槐、松树的土地，常常有很多病菌在土壤里潜伏下来，如果第二年再育刺槐、松树，幼苗就会发病，整株成片死亡。此外，萌生力较强的杨类、刺槐起苗后，会留下很多断根，第二年将丛生大量枝条；又由于它有得天独厚的根系，生长往往超过新育苗木，造成整个圃地苗木参差不齐，分化现象十分严重，成苗率显著降低。同时，连年培育同一树种的苗木，还会造成某些营养元素贫乏，致使苗木生长衰弱。如果迫不得已必须连作时，应采取土壤改良或土壤消毒措施，以保证苗全苗壮。

【苗木管理】

• 八寸高，筷子粗，菊花顶，紫红色，根系多。

• 大胡子，矮胖子，红顶子。

苗木的品质直接影响着造林的质量，选用壮苗造林，成活率高，生长快，对不良的环境条件抵抗能力强。通常壮苗应具备的条件是：第一，苗干粗壮。具有一定的高度，通直圆满，充分木质化。第二，根系发达。侧根须根多，有一定的长度；主根不弯曲，短而粗。在同树种、同苗龄的情况下，茎根比的比值小。所谓“茎根比”是指苗木地上部分茎、叶的鲜重与地下部分根系的鲜重之比。比值越小，说明根系越发达。第三，顶芽健壮。对针叶树苗尤为重要。第四，无病虫害和机械损伤。

马尾松苗（王邦富　摄）

杉木苗（王邦富　摄）

根据以上壮苗标准，群众把杉木一年生实生苗的形象概括为“八寸高，筷子粗，菊花顶，紫红色，根系多”；把马尾松一年生实生苗概括为“大胡子，矮胖子，红顶子”。这样，便于大家辨认壮苗。

【适地适树】

- 树有阴阳，南松北杉。
- 当冈茶，背阳木。
- 青松不嫌土肥瘠，油茶不怕太阳光。
- 油茶朝南坡，年年结籽多。
- 榕树不上冈，柳杉不下洼。
- 红椿立崖头，核桃栽沟边。
- 北山种杉，南山种竹。
- 樟不上高山，檫不下平地。
- 黄杨喜阴，白杨喜阳。
- 阳山浅土栽松，阴山肥土栽杉。
- 松宜山石，柞宜上阜，楮宜山谷，柳宜下田，竹宜平地。
- 山顶松树山脚杉，山腰宜栽混交杉。
- 山边地角种油茶，澎田洼地栽水杉。
- 杉宜山坡沙滚土，高山扁柏冷柳杉。
- 桉树不能过五岭。
- 高山松柏，核桃沟；沙地枣树，泥里柳。
- 高山茶叶，低山（油）茶籽。
- 核桃避风山，刺槐向阳湾；臭椿守崖边，桑树护池畔。
- 莫说柏子不好栽，岩石缝缝好安排。

- 山脚板栗山洼竹，山丘平原宜乌桕。
- 松树岭，杉树凹，橡树高坡垴。

造林应该进行规划，相对集中成片营造。在设计施工中，要按小地区的立地条件，因地配置不同树种，实行多树种成片造林，提倡营造针阔混交林。

从土壤方面来讲，树木有耐干旱瘠薄的，有耐水湿的。把需要湿润的树木，栽在肥沃的地方；把耐干旱瘠薄的树木，栽在水少土瘦的地方；把耐水湿的树木，栽在潮湿的地方，使它们各得其所，安居乐业。土壤还有酸性和碱性的区别，比如木麻黄，它喜欢碱性的疏松的土壤，如果硬把它栽在酸性结实的土壤里，是长不好的。

从气候方面来讲，树木有耐干燥的，有怕寒冷的，也有怕热的。“桉树不能过五岭”，桉树在亚热带长得很快，一下子移到北方去栽，肯定会不适应。

从地势方面来讲，只能在平地生长的树木，上山就长不好；适合在山地生长的树木，下平原地同样不利。马尾松、油茶等树木喜欢太阳，又不怕旱，要栽在阳坡；杉木等比较耐阴，又喜欢湿润，适于栽在阴坡。

- 门前栽树，屋后栽桑。
- 桑树多栽庄前后，榆树多栽野土埂。
- 刺槐阴阳变，桑树插池畔。

一般来说，房前屋后、村庄周围，地势平坦，土层厚，土壤肥，空闲隙地较多，适合杨树、柳树、桑树及其他树种的生长。因此，要充分利用“四旁”隙地，栽树种桑。只要见缝插针，“四旁”潜力是很大的。

- 高山远山松柏杉，近山矮山油茶果；道路溪边棕桑柏，竹林深处有人家。

这条林谚，阐明了几个树种的适生地势。高山远山适宜松树、柏树、杉木等用材树种的生长；近山矮山土层深厚土坡肥沃，适宜营造经济林，且交通方便，利于经营管理；道路、沟渠等“四旁”则适宜棕榈、桑树和乌桕的生长；竹林则生长在有人居住的浅山地带。

【造林季节】

- 种松莫让春晓得，栽桐要使雷不知。
- 栽杉栽松，莫叫春晓得。
- 立春栽树活溜溜，立夏栽树无本收。
- 年尾栽竹枝枝绿，年头栽树蔸蔸青。
- 春前松，春后杉，抓紧立春赛黄金。
- 种树无时，莫叫树知，多留宿土，记取南枝。
- 种竹怕春知，插杉怕雨来。
- 人误山一时，山误人一年。

杉木、马尾松混交林
（王邦富 摄）

- 造林赶前不赶后，季节宜早不宜迟。
- 抓阴雨，抢墒情，先低山，后高山。
- 栽树要早，莫让春晓。
- 栽树无定时，要叫春不知。
- 栽树无它巧，不让春知道。
- 要使树儿活，莫让春晓得。
- 栽树莫让春知道。
- 先栽落叶树，后栽常绿树。
- 早春插杉，十棵九发。
- 正月竹，二月木。
- 正月栽松满山青，二月栽松满山红。
- 正月九分活，二月七分活，清明后半活。
- 种竹无时，雨后便移。

这组林谚讲的是造林季节的重要性。作为一年复始、万象更新的春天，气温渐渐地回暖，最适宜植树造林。树木在这个生长的“黎明”时期，新陈代谢还是微弱的；同时，经过冬天的休眠，积存着丰富的养分，可以满足一个时期的需要；即使根部发生一些损伤，也有足够时间恢复或长出新根来。抓紧这个时候植树造林，让树木在不知不觉中搬了一次家。迟了节气，树液流动，大量发芽抽梢，需要充足的养分和水分；如果来一次移栽，受伤的根难以很快的复原，营养摄入不够支出，对成活就有影响。

但是，个别树木，如相思树、木麻黄，却适宜在春末夏初的雨季造林，因为沿海沙荒地区土壤沙粒松散，保水能力差，况且春天大风多，雨水少，气候干燥，蒸发量大，在春天栽相思树、木麻黄就不易成活；偶尔有少数成活，也往往生长不良。

- 樟叶脱落芽膨胀，正是栽樟好时光。

樟树，别名香樟、芳樟、小叶樟、樟科。常绿乔木，为我国著名的珍贵乡土用材树种。

樟树造林季节，适宜在春季芽孢将要萌动之前进行定植，一般在 2~3 月，与樟树每年换一次新叶的时间基本一致，故林谚有“樟叶脱落芽膨胀，正是栽樟好时光”之说。

根据福建省三明萃口林场经验，樟树造林，可在“小雪”开始，“立春”结束。冬季栽樟不仅成活率高，且幼树能提前生长。

【细致整地】

- 造林不整地，树木难成林。
- 造林不整地，如同做游戏。
- 造林不整地，等于白费力。
- 林地全翻起，青草扣在地。
- 造林先掘土，等于肥上山。
- 要想培育十年杉，深翻间作肥垫层。
- 深耕二寸顶在粪，深耕二寸地生金。
- 一寸土地一寸金，深耕改土出黄金。
- 挖大穴，栽火苗，穴内土松杂物净。

造林整地（王邦富　摄）

- 对线定点挖大穴，够宽够深底要平。
- 千斤茶油十年杉，种树要像种庄稼。
- 成活高低在整地，生长好坏在抚育。
- 若要造林好，整地必须早；一来烂泥，二来烂草。

整地深翻，可以疏松土壤，增加孔隙度，土壤不易板结，使土壤通气性变好，促进地上和地下空气的交流，减少硫化氢等有毒气体的累积，供给土壤根系以充足的氧气，促进好气微生物活动，有助于有机态养分矿化为有效养分。

造林之前，要对选择好的造林地，进行劈草炼山、翻土挖穴等工序，事先做好准备。否则，就会影响造林质量。提早整地，能够促使土壤风化，土质疏松，有利于幼林成活。整地有全面整地、带状整地、块地整地等方法，要根据造林树种和经营目的，因地制宜地采用。总之，要事先给苗木移栽创造一个易活易长的条件，做到种一株活一株，造一片成一片。

【造林密度】

- 栽杉栽得稀，树顶晒衬衣。
- 栽杉栽得密，树干通天直。
- 蓬生麻中，不扶自直。
- 松要挤，杉要稀。
- 疏栽桐，密栽松。

不论栽杉或松，要适当密植。树木为了争夺阳光，迅速向上生长，才能长得通直，成为无节良材；而且可以大大提高单位面积的木材产量。不然的话，栽得过稀，树木横生枝节，向四周扩展，不向高生长了。造林密度主要根据造林目的、树种特性、立地条件、间伐要求、经营强度、交通条件等因素确定。

杉木林（王邦富　摄）

不可太稀，也不可太密，初植密度一定要适当。每个树种的造林密度都有一定的变化幅度。具体确定初植密度时，根据不同区域的培育目标、立地条件以及经济状况，因地制宜，区别对待。

造油桐林的目的，则是取其果实榨油，必须为油桐结果创造良好生境，因而造林密度，要适当稀疏。

【栽植技术】

- 一锄二插三敲紧，松苗点头活有劲。
- 若要松栽活，打声隔山过。
- 要得松苗长，隔山听见锄头响。
- 栽松要敲紧，不紧白费劲。
- 栽松不怕凶，不凶劳无功。
- 年前好栽松，就怕锄头松。

福建山区传统栽植马尾松，习惯用“一锄法”。就是用窄板山锄在林地上用力锄下，成一小穴，下锄要直，穴深 20 厘米，然后把苗插下，拔出山锄，在距穴口 7 厘米的地方，用锄背用力把穴敲紧，像鲤鱼嘴巴，地上留个像肚脐窝的凹印。群众对一锄法有个形象的说法：“肚脐窝，鲤鱼嘴，拔不起，晒不死。”敲时如幼苗梢端会摇动，说明土敲得紧，这样幼苗最易成活。现在采用容器苗造林，已不用“一锄法”了。

【抚育管理】

- 松树打枝如肥浇，杉木打枝如火烧。

杉木是喜光树种，进入壮龄阶段，则要求充足的阳光。若郁闭度过大，上部枝条光照不足而自然整枝，使树冠迅速上移，以致树冠变小。所以，对杉木进行修枝，特别是过度修枝，像火烧一样，影响树木生长。而松树树冠发达，侧枝粗壮，自然整枝不良，高生长优势不很突出。如果进行适当的人工修枝，就像施过肥一样，能促进林木生长。但是任何树种均不能修枝过度，否则砍去过多的枝条，树冠变小，减少了制造有机营养物质的叶面积，必然削弱树木的生长。适宜的修枝强度，应使树冠和树干高度之比保持 1/3~1/2 为好，而且要掌握“轻修、勤修”的原则。

【抚育间伐】

- 要使树木长得好，抚育间伐不可少。
- 保护幼壮树，伐除病枯木，密疏要适度。
- 砍倒“霸王木”，解放被压木，采育双兼顾。
- 十年不间伐，树木挤成团。
- 护林修枝是养鸡生蛋，乱砍树木是杀鸡取蛋。

清理过的杉木林地
（王邦富　摄）

森林的整个生长发育过程，大体可分为森林形成期、速生期、成长期、近熟期、成熟期和衰老期6个阶段，而各个时期要求有不同的经营措施。其中，森林速生期，林木生长迅速，特别是高生长加快，林分达到高度郁闭，林内形成荫蔽的环境，杂草和喜光灌木已被压抑，形成稳定的森林群体。林木之间对营养空间的竞争较为突出，林木进入分化和自然稀疏阶段。为确保培育目标的实现，需要进行抚育间伐。间伐木的选择，应当遵循"三砍三留"的原则，砍劣留优。所谓"优"，首先是目的树种。其次是指最适于该立地条件的树种。三是指林木在林分中处于优势位置的林木。第四是指优良品质的林木。所谓"劣"，一是指林分中的被压木；二是砍密留疏；三是砍小留大。

【采伐季节】

- 孟春之月，禁止伐木。
- 仲冬伐阳木，仲夏伐阴木。
- 夏砍"白材"，冬砍"红材"。
- 秋砍，冬集。春运，夏扫尾。
- 春栽，夏抚，秋冬伐。

南方传统木材以水运为主，因此，杉木在霜降至春分砍伐。这时材质坚实，色泽红亮，易干燥，不变质。同时春分前砍伐留下的旧蔸易发萌芽，以适应当时插条造林更新的需要。松杂木一般安排在农历七八月砍伐，至翌年1月前结束，利于春水放运。20世纪50年代，一般是冬砍，春运，秋扫尾。70年代，为避免漂木和常年集运，多改为以陆运为主，木材生产季节也随之有了变化。现在随着市场经济的运行，随行就市，减少库存，加快资金周转，原以冬砍为主逐步转为常年采伐。

东北、内蒙古有“4 月设计夏秋采，采伐月时伐道开；7~10 月修道场，封冻之后抢集材”的谚语。

另外，还有一些说明林业重要性的谚语：

（一）

- 植树造林，国强民富。
- 植树造林，利国利民。
- 千杉万松，吃穿不空。
- 千树万树，哪愁不富。
- 山区要想富，发展农林牧。
- 农民要想富，就得多栽树。
- 栽一株，活一株，树木里头出珍珠。
- 山是万宝山，树是摇钱树。
- 树是农家宝，谁种对谁好。
- 不栽树是荒山，栽上树是宝山。
- 河里鱼儿水为命，山区人民林为粮。
- 一条林带一道墙，年年丰收多打粮。
- 若要富，多栽树。
- 山区林是宝，没林富不了。
- 远看大山坡，近看金银窝。
- 荒山变绿山，不愁吃和穿。
- 山上光，年景荒。
- 山清水秀任兴旺，树败山光灾难多。
- 吃饭靠田，穿用靠山。
- 青山是银行，利在山里长。
- 山无衣，地无皮，人要饿肚皮。
- 山有松，地不穷，山有树，人则富。
- 以山养畜，以畜养田。

（二）

- 栽树好，栽树强，又挡风沙又遮凉。
- 沿海植树把林造，又防风沙又防涝。
- 沙滩披绿装，粮食撑破仓。
- 沙区没有林，有地不养人；沙区有了林，沙窝能变金。

- 沙地造林，黄土变金。
- 沙区若想富，就得风沙住；何时风沙住，山川长满树。
- 荒山造了林，治了灾害根。
- 要想风沙住，就要多栽树。
- 山青青，黄土变成金；山光光，良田也要荒。
- 人栽了树，树保了地；地增了粮，粮养了人。
- 若要田增产，山山撑绿伞。
- 树木结成林，沙窝不起尘；能防干热风，小麦高产稳。
- 沙窝穷变富，只有风沙住；要想风沙住，必须多栽树。
- 林成群，树成林，沙土窝里不起尘。
- 屋前栽树好乘凉，屋后栽树挡风墙。
- 窝崖背上栽棵松，夏遮日头冬遮风。

（三）

- 一生孩子就栽树，不愁没钱娶媳妇。
- 栽活千棵树，不愁吃穿住。
- 要吃饭种谷，要富裕种木。
- 耕田饱肚子，耕山鼓钱袋。
- 图眼前买卖赚钱，顾长远造林根本。
- 荒山变成摇钱树，集体个人都变富。
- 绿化荒山，清水潺潺；粮食翻番，银行上山。
- 人均百棵树，等于建金库。
- 树是一件宝，人养树小，树养人老。
- 靠山吃山，吃山养山。
- 树是聚宝盆，养树又养人。
- 千松万松，一世不空。
- 栽个花果山，强似米粮川。
- 增产不离猪，防灾不离树。
- 一年之计，种之以竹；十年之计，种之以木。
- 种活一棵树，有座小金库；造活一片林，有个聚宝盆。

（四）

- 家中富不富，先看宅旁树。
- 四旁多栽树，盖个大金库。

- 东赚钱，西赚钱，不如四旁栽果树。
- 前院植树后院桑，子孙后代多沾光。
- 房前屋后多种树，利国利民又利己。

（五）

- 植树造林，造福子孙。
- 栽树一天，收益百年。
- 一代植树，辈辈享福。
- 千竹万竹，子孙享福。
- 在山吃山不养山，吃了祖宗，饿了子孙。
- 林业不吃前辈饭，当代不砸子孙碗。
- 家有一园竹，孙子吃鱼肉。
- 阿公种竹，子孙享福。
- 一人栽树，万人乘凉。
- 人留子孙草留根，山无树木不养人。
- 植树本轻利重，好处留给子孙。
- 大路好走要人开，大树歇凉要人栽。
- 传子千金万金，不如留片果林。

（六）

- 封山育林，造福人民。
- 封山育林三五载，林茂粮丰抱“金娃”。
- 封山十年，不愁吃穿。
- 柴草按时割，树木长满坡。

（七）

- 造林一时，护林一世。
- 光栽不护，越来越少。
- 树木生长时间长，破坏容易成林难。
- 森林保护好，满山都是宝。
- 勤造十年林，换得满山青。
- 今日爱惜脚下树，他年自有满山林。
- 护林光荣，毁林可耻。
- 保护山林，利国利民。

- 山上砍树，山下遭殃；一代破坏，几代受苦。
- 前人种树，后人乘凉；前人毁树，后人遭殃。
- 乱砍森林，后患无穷。
- 百姓的山，百姓的树，百姓自己来爱护。
- 造林容易护林难，三分栽树七分管。
- 一日造，九分管；一日造，千日管。
- 天天护林，年年造林，多年成林。
- 造林不护林，等于白费劲。

（八）

- 现在人养树，日后树养人。
- 栽树人养林，树成林养人。
- 三年护林人养树，五年成林树养人。
- 无灾人养树，有灾树养人。
- 杨树长一年，增加三块钱。
- 下人封山，山长树，树养人。

（九）

- 一人栽树孤零零，十人栽树树成行，众人栽树成森林。
- 一人栽树绿一点，人人栽树绿一片。
- 树上绿叶捧红花，植树造林靠大家。
- 难事要靠大家做，种树要靠大家干。

（十）

- 治水先要治山，治山必先造林。
- 治山治水不植树，有水有土保不住。
- 山头个个光，年年遭灾殃。
- 治沟不治坡，早晚一场祸。
- 山上开一线，平地冲一片。
- 山上毁林开荒，山下农民遭殃。
- 先治川，不治山，暴雨来，水下山。
- 一棵树，一把伞，截留降雨保地面。

参考文献

[1] 巴兆祥. 中国民俗旅游 [M]. 福州：福建人民出版社，2001.
[2] 包战雄. 论森林生态美 [J]. 林业勘察设计，2003(2)：23-26.
[3] 陈建诚，苏祖荣. 林业谚语浅析 [M]. 北京：中国林业出版社，2013.
[4] 何明，廖国强. 中国竹文化 [M]. 上海：上海人民出版社，2007
[5] 胡锦涛. 在中央人口资源环境工作座谈会上的讲话 [N]. 光明日报，004-04-05(1).
[6] 辉朝茂，杨宇明. 中国竹子栽培和利用手册 [M]. 北京：中国林业出版社，2002
[7] 李宝昌，汤庚国. 竹文化与竹子造景的意境制造研究 [J]. 竹子研究汇刊，2002.
[8] 李玉荣. 森林资源型产业的政府规制研究 [D]. 东北林业大学，2011.
[9] 刘金. 观赏竹 [M]. 北京：中国农业出版社，1999.
[10] 莫敏秋. 高校德育应加强对大学生的生态文明教育 [J]. 肇庆学院学报，2004(3)：33-36.
[11] 倪琪. 园林文化 [M]. 北京：中国经济出版社，2013.
[12] 彭一刚. 中国古典园林分析 [M]. 北京：中国建筑工业出版社，1986.
[13] 屈中正. 中国森林旅游文化 [M]. 南京：东南大学出版社，2010.
[14] 宋晓英. 茶艺基础 [M]. 北京：中国林业出版社，2013.
[15] 苏祖荣，苏孝同. 森林与文化 [M]. 北京：中国林业出版社，2012.
[16] 吴守蓉，宫林茂幸，箕轮光博，等. 日本的森林文化及其理想模式 [J]. 北京林业大学学报（社会科学版），2007(6).
[17] 席东梅. 中国职业技术教育 [J]. 2011，28-91.
[18] 叶卫国. 花卉与中西文化浅涉 [J]. 中山大学学报论丛，2004(3)：275-287.
[19] 张鸿翎. 中国花文化的自然属性及其人文内涵 [J]. 内蒙古农业大学学报（社会科学版），2004，6(4)：128-129.
[20] 张明红. 学前儿童语言教育 [M]. 上海：华东师范大学出版社，2006
[21] 赵绍鸿. 森林美学 [M]. 北京：北京大学出版社，2009.
[22] 钟永德，罗明春，袁建琼. 森林美学的发展及其在森林景观规划中的应用 [J]. 中南林学院学报，2004，4(24)：82-87.
[23] 周武忠. 中国花文化研究综述 [J]. 中国园林，2008(6)：79-84.
[24] 周小华，苏祖荣. 竹乡旅游资源开发 [M]. 福州：福建科学技术出版社，2003.